高职高专机电系列教材

计算机辅助设计(UG NX)

陈乃峰　刘冠军　主　编

夏　天　张　彤　孙淑敏　副主编

U0361870

清华大学出版社

北京

内 容 简 介

本书以 UG NX 12.0 作为写作蓝本，向下兼容 UG NX 的其他版本，同时也适用于当下最新版本，其目的是尽可能地让应用 UG 不同版本的用户都能通过练习本书范例，学到自己需要的知识，提升应用 CAD 三维建模的技能。

本书重点介绍 UG NX 软件 CAD 部分的建模知识，通过对本书的学习和技能训练，读者可以掌握使用 UG 软件进行产品建模与设计的基本能力。本书共分为 7 章，分别介绍 UG 软件的基本操作、草图绘制、实体建模、曲面曲线建模、高级建模、仿真装配和工程制图的内容。

本书既可作为高职高专院校机械制造与加工技术专业、数控技术专业、机电一体化技术专业、汽车工程技术专业、模具制造技术专业等专业的教材，也可作为广大工程技术人员的自学用书和培训用书。

图书在版编目(CIP)数据

计算机辅助设计：UG NX/陈乃峰，刘冠军主编. —北京：清华大学出版社，2022.8
高职高专机电系列教材
ISBN 978-7-302-60162-3

①计… Ⅱ. ①陈… ②刘… Ⅲ. ①计算机辅助设计—应用软件—高等职业教育—教材 Ⅳ. ①TP391.72

中国版本图书馆 CIP 数据核字(2022)第 030438 号

责任编辑：陈冬梅　桑任松
装帧设计：李　坤
责任校对：吕丽娟
责任印制：杨　艳
出版发行：清华大学出版社
　　　　　网　　址：http://www.tup.com.cn, http://www.wqbook.com
　　　　　地　　址：北京清华大学学研大厦 A 座　　邮　编：100084
　　　　　社 总 机：010-83470000　　　　　　　邮　购：010-62786544
　　　　　投稿与读者服务：010-62776969, c-service@tup.tsinghua.edu.cn
　　　　　质量反馈：010-62772015, zhiliang@tup.tsinghua.edu.cn
　　　　　课件下载：http://www.tup.com.cn, 010-62791865
印 装 者：三河市金元印装有限公司
经　　销：全国新华书店
开　　本：185mm×260mm　　　印　张：15.25　　字　数：371 千字
版　　次：2022 年 9 月第 1 版　　印　次：2022 年 9 月第 1 次印刷
印　　数：1~1500
定　　价：49.00 元

产品编号：078076-01

前　言

本书是根据高职高专数控技术专业、模具设计与制造专业、机械设计与制造专业等专业人才培养目标编写的教材。教材起始于四平职业大学机械工程学院与四平市巨元瀚洋板式换热器有限公司合作开发的校企合作教材，并在此基础上修订成书。

本书按"章"编写，由 57 个项目及 100 多套职业技能训练习题组成，按照学生的学习规律，从易到难，在"项目"的引领下完成任务所需的理论知识和操作技能。通过对本书全部项目的学习，读者可以掌握使用 UG 软件进行产品建模与设计的基本技能。

本书包括草图、建模、曲面设计、装配以及工程制图等内容。

本书可作为高职高专计算机辅助设计与制造专业设计软件课、数控加工实习课的实训教材，也可作为其他专业 CAD/CAM 的爱好者、竞赛及考证培训班的练习用书。

本书的读者对象为高职、中职、技校的机械制造与加工技术、模具制造技术、数控技术、机电一体化技术、汽车工程技术等专业的学生，以及 CAD/CAM 社会化培训机构的学员。

本书具有以下特色。

(1) 基于"课证融合"的取材。本书项目课题取材自四平市巨元瀚洋板式换热器有限公司产品零件图、全国数控工艺员技能考试用题、全国数控技能大赛的比赛用题、国家 CAD 技能培训试题以及国家三维 CAD 比赛试题，所选试题具有鲜明的职业技术特点。

(2) 典型范例教学。本书涵盖机械、模具等行业经典零部件的产品设计过程，具有行业代表性。

(3) 本书所用习题均提供完整的二维图形及三维模型，可以提高读者的机械识图技能。

本书由陈乃峰、刘冠军任主编，夏天、张彤、孙淑敏任副主编。具体分工如下：陈乃峰负责编写第 5 章，并审核全书；刘冠军负责编写第 1 章和第 2 章；夏天负责编写第 3 章和第 6 章；张彤负责编写第 4 章；孙淑敏负责编写第 7 章。

由于编者水平有限，书中难免存在错误和不妥之处，恳请读者批评、指正。

编　者

目　　录

第 1 章　初识 UG NX

本章要点

(1)　程序的启动、退出。
(2)　操作界面、对象选取。
(3)　视图与可视化。
(4)　点的选取与创建。
(5)　应用图层、构造坐标系。
(6)　构建基准平面和基准轴。

UG(Unigraphics)是集 CAD/CAM/CAE 于一体的三维参数化软件系统，是当今世界上最先进的计算机辅助设计、分析和制造软件之一，它的功能覆盖了从概念设计到产品生产的整个过程，并且广泛运用在汽车、航天、模具加工及设计和医疗器械行业等方面。

本章以 UG NX 12.0 为例，介绍 UG 软件的基本应用与操作。

1.1　项目：UG NX 应用基础

学习目标

本项目主要学习 UG NX 的基本应用，包括程序的启动与退出、文件的新建与打开以及鼠标的操作。

学习要点

掌握程序的启动、退出、对象的选取，以及坐标系、基准平面和基准轴的创建和选用。

1.1.1　UG NX 程序的启动、退出

1. 程序的启动

常用的启动程序的方式有三种。

方法一：单击"开始"菜单中的应用程序图标，如图 1.1.1 所示。

方法二：单击桌面快捷图标，如图 1.1.2 所示。

方法三：双击鼠标左键，打开 UG 的 PRT 文件，如图 1.1.3 所示。

图 1.1.1　单击应用程序图标　　　图 1.1.2　单击桌面快捷图标　　　图 1.1.3　双击 PRT 文件

2. 程序的退出

常用的程序的退出方式有两种。

方法一：选择"文件"菜单中的"退出"命令。

方法二：单击操作界面右上角的"关闭"按钮。

UG 在退出时会提示保存文件，如图 1.1.4 所示。

图 1.1.4　"退出"对话框

1.1.2　界面操作

第一次进入 UG 的初始界面，将提示一些 UG 的操作技巧，此外不能进行其他任何操作，必须先新建或打开一个文件。

1. 进入建模界面

进入建模界面的操作步骤如下。

(1) 新建一个文件，如图 1.1.5 所示。在"模板"对话框中选择模型模板；在"新文件名"一栏中输入名称，再选择保存路径，单击"保存"按钮。

早期版本对文件及文件所在文件夹的命名，不可以使用中文字符。从 NX 10.0 以后支持用中文对文件命名。

图 1.1.5　新建文件界面

(2) 打开一个文件，如图 1.1.6 所示。在"文件类型"中可以选择要打开的文件类型。当选中右侧的"预览"复选框时，可以在窗口中查看文件中的图形形状。

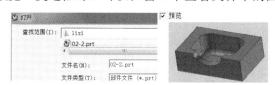

图 1.1.6　"打开"对话框

(3) 进入建模界面，如图 1.1.7 所示。

① 打开 UG"应用"菜单，选择"建模..."命令，打开建模界面。

② 标题栏：显示软件版本号及文件名等信息。

③ 主菜单栏：包含 UG 所有主要的功能。

④ 工具栏：以简单直观的图标表示每个工具的作用，并有泡泡提示信息。

⑤ 提示栏和状态栏：提示操作及显示当前操作。

⑥ 绘图窗口：显示绘图的图素、分析结果、刀具路径等。

⑦ 导航栏：帮助用户管理当前零件。

图 1.1.7　UG 建模界面

2. UG 界面的个性化设置

1)　工具栏的移动

单击工具栏左侧或上边框，并保持按压状态，通过移动鼠标来拖曳工具栏，此时可改变该工具栏的位置，如图 1.1.8 所示。

2)　改变工具栏形状

当鼠标指针移动到工具栏边缘时，会出现双向箭头，此时按下左键不放并拖动，可改变工具栏的形状，如图 1.1.9 所示。

图 1.1.8　工具栏的移动

图 1.1.9　改变工具栏形状

3)　"自定义"工具栏

① 鼠标指针指向任一工具栏并右击，在弹出的快捷菜单中选择"自定义"命令。

② 在弹出的对话框中单击"工具条"→"新建"→"确定"按钮，即新建一工具栏。

③ 单击"命令"→"曲线"按钮，在右侧窗口中将要用的图标拖动到刚建立的工具栏中即可。

具体流程如图 1.1.10 所示。

图 1.1.10　"自定义"工具栏

1.1.3　UG 中鼠标的应用

UG 中鼠标的基本应用如表 1.1.1 所示。

表 1.1.1 鼠标的应用

鼠标按键	用途
左键	选择和拖动对象
中键	操作中的"确定"。在窗口图形中按住中键不放，即可旋转视图
在窗口图形中的右键	显示快捷菜单，也是用左键选择的对象的动作信息
在图标或对话框中选择	显示图标或选项标记

用户除了可以使用鼠标操作以外，还可以使用键盘上的按键进行系统的操作与设置。用户使用按键是为了快速操作，提高效率，各命令的快捷键都在菜单命令的后面加了标识符。例如 Ctrl+N 就是常用的快捷键，其功能是新建文件；Enter 键在对话框中代表确定按钮；箭头键可在单个显示框内移动光标到单个的单元，如菜单项的各命令；Tab 键用于光标位置的切换，它以对话框中的分隔线为界，每按一次 Tab 键，系统就会自动以分隔线为准，将光标往下循环切换。

1.1.4 视图的操作

1. 视图的作用

在 UG 建模模块中，沿着某个方向观察模型，得到的一幅平行投影平面图像称为视图，不同的视图用于显示在不同方位和观察方向上的图像。

"视图"菜单和"视图"工具栏如图 1.1.11 和图 1.1.12 所示(此处只显示部分内容)。

图 1.1.11 "视图"菜单   图 1.1.12 "视图"工具栏

2. 常用视图操作

常用视图操作如表 1.1.2 所示。

表 1.1.2 常用视图操作

"视图"快捷菜单		对应工具按钮	图例或说明
显示方式	带边着色(1)	⬛	
	着色(2)	⬛	
	暗边线框(3)	⬛	
	隐藏边线框(4)	⬛	
	静态线框(5)	⬛	
刷新		⬛	刷新当前屏幕视图
适合窗口		⬛	视图以自动方式缩放至整个窗口，不改变模型原显示方位

"视图"快捷菜单	对应工具按钮	图例或说明
缩放		用鼠标左键拉出一个窗口，对视图进行局部缩放，不改变原显示方位
旋转		将模型沿指定的轴线旋转指定角度，或绕工作坐标系原点自由旋转模型，使模型方位发生改变，大小不变
放大/缩小		动态拖动鼠标上下移动，以鼠标拖动前的位置为缩放中心，改变模型在视图中的大小和方位
透视		以透视图的方式显示视图
平移		将模型在视图平面中平移，以改变模型的显示位置，不改变模型显示的大小和方位
等轴侧视图、正二测视图、前视图、顶视图、底视图、左视图、右视图、后视图		在实际设计中，可以通过滚动鼠标(中键)来控制图形缩放；同时按住鼠标左、右键不放，并通过上下移动鼠标即可实现放大或缩小视图的操作；按住鼠标中键并移动鼠标即可旋转图形；同时按住鼠标中键和右键不放，并通过移动鼠标即可实现平移视图的操作

1.1.5　UG 的"首选项"设置

单击下拉菜单中的"首选项"，打开 UG 设置菜单，在这里可以对 UG 的不同模块进行工作前的设置，如表 1.1.3 所示。

表 1.1.3　"首选项"设置

UG 设置菜单	对各模块的说明
建模(G)... 草图(S)... 装配(B)... 制图(D)... PMI 用户界面(I)　Ctrl+2 可视化(V)　Ctrl+Shift+V 可视化性能(Z)... 选择(E)　Ctrl+Shift+T 资源板(P)... HD3D 工具... 对象(O)...　Ctrl+Shift+J	对象：可以对图线的颜色、线型、宽度、透明度等进行设置
	用户界面：可以对用户界面的小数点精度、小数位数、资源条等进行设置
	选择：可以对选择方式进行设置，如矩形的选择方式是内部、外部或交叉等
	可视化：通过此选项可以对直线、屏幕、颜色、透视、视图等进行设置
	可视化性能：通过此选项可以设置视图的显示性能
	建模：通过此选项可以设定建模的参数和特征，包括距离、角度、密度、单位和曲面网格等参数
	草图：可以设置草图的图素颜色、标注尺寸的小数点位数、文本高度、保持层状态、显示自由箭头、动态约束显示等
	制图：通过此选项可以设置是否显示视图的边界，以及抽取边缘线的显示方式等

资料 1-1　UG 的命名及相关设置

1.2　项目：UG NX 基本操作

本项目主要学习 UG NX 的基本操作，包括对象的选择方式、对象的隐藏与可视、图层，以及基本平面和基准轴的创建方式。

1.2.1　对象的选择方式

1. 对象命名

实体各部分名称如图 1.2.1 所示。

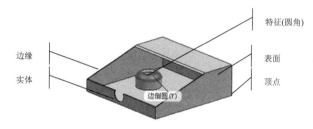

图 1.2.1　对象命名

选择物体时，在提示栏上将提示当前拾取的物体性质。

注意：实体与特征的区别。特征是指实体上的某一部分，如倒角、打孔等。

2. 对象的选择方式

1）　单击拾取

当光标选择球位于某物体对象之上，该对象将高亮显示，此时单击拾取对象即可。这是一种最简单和直接的选择物体的方式。

2）　快速拾取

如光标位置有多个可选择的对象，则当光标在备选对象上多停留一会，就会出现"…"标记，此时单击，将弹出"快速拾取"对话框，在列表中移动光标可选择对象，对应的图形将高亮显示，单击序号可以选中对象，如图 1.2.2 所示。

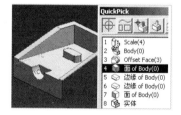

3）　矩形框选

用鼠标左键拖出一个矩形，包围要选择的对象，之后系统会自动完成选取。

图 1.2.2　快速拾取

注意：通过"预设置"菜单下的"选择"命令，可以设置矩形选择时的其他方式，如图 1.2.3 所示。

图 1.2.3　矩形框选

4)　选择所有

按 Ctrl+A 组合键可以选择所有的对象，如果已设定过滤方法，则系统选取对象时便会受过滤方法的限制，仅选取限制后的对象。

注意：此种方法对屏幕区以外及隐藏的对象不起作用，只对当前屏幕显示区内的对象作选取。

5)　全部不选

取消所有已选取的对象。

注意：①使用键盘上的 Esc 键时，则所有选择的对象将被取消选择。②在进行物体选择时，按住键盘上的 Shift 键的同时，用鼠标单击需反选的物体，则可以取消已选取的几何体。

3. 常用的选择工具栏

在进行设计的过程中，需要选择对象时，常用的选择工具栏将帮助我们很方便地选择到所需要选择的对象。通过对过滤器的设置，能快速选择所需要的对象，如图 1.2.4 所示。

图 1.2.4　常用的选择工具栏

常用选择工具如表 1.2.1 所示。

表 1.2.1　常用选择工具

选项名称	工具栏中的图标	说明
类型过滤器	无选择过滤器 ▼	过滤选择基准、曲线、面、边
选择范围	仅在工作部件内 ▼	设置选择范围，整个装配、在工作部件和组件内、仅在工作部件内
过滤选择器	▫ ▾	包括细节过滤器、颜色过滤器、图层过滤器
曲线规则	自动判断曲线 ▼	包括单条曲线、相连曲线、相切曲线、特征曲线、面的边、片体边、区域边界曲线、组中的曲线、自动判断曲线等
在相交处停止	††	当选择相连曲线时，在它与另一条曲线相交处停止该链
跟随圆角	↑↑	当选择相连曲线时，在该链中的相交处自动沿相切圆弧或圆成链

4. 类选择器

UG 建模过程中经常面临选择对象，特别是在复杂的建模中，用鼠标直接选取对象往往很难做到。

因此，UG 提供了"类选择"菜单，在选择过程中来限制对象类型和构造过滤器，以便快速选择，如图 1.2.5 和图 1.2.6 所示。

 打开"类选择"对话框以应用选择过滤器的组合

图 1.2.5　"类选择"命令

图 1.2.6　"类选择"对话框及"类型过滤器"选项

1.2.2　对象的隐藏与可视

1. 直接隐藏对象

在选择一个实体后，在实体上右击，将弹出快捷菜单，选择"隐藏"命令，即可将该对象隐藏，如图 1.2.7 所示。

图 1.2.7　隐藏对象

2. 通过"隐藏"菜单来隐藏对象

在"编辑"菜单的"显示和隐藏"子菜单中包含"显示和隐藏"选项，在这里可以选择隐藏或取消隐藏部分对象，如图 1.2.8 所示。

对于隐藏的对象，可以通过"显示"命令使其重新显示。

3. 通过部件导航器完成对象的隐藏与可视

在部件导航器中，可以通过取消(打开)实体或特征前面的符号来隐藏(显示)对象，如图 1.2.9 所示。

图 1.2.8　"显示和隐藏"菜单　　　　图 1.2.9　导航器的隐藏与可视

4. 对象的显示

选择对象，右击，在弹出的对话框中可以修改对象的颜色、线型、宽度和透明度，另外，在"分析"选项卡中，可以更改对象分析结果的颜色显示，如图 1.2.10 所示。

图 1.2.10　编辑对象显示

1.2.3　点的选择与创建

　　点的选择功能主要是用于构建空间的点或是捕捉存在的特征点，熟练使用它，可以提高绘图效率以及保证绘图的准确性。点捕捉主要用于捕捉已存在的点，"点"构造器主要用于构造一个点。

1. 点捕捉

　　点捕捉的操作方式如图 1.2.11 和表 1.2.2 所示。

图 1.2.11　点捕捉

表 1.2.2　点捕捉释义

工具按钮	释义
	启用捕捉点功能
	允许选择曲线端点
	允许选择线性曲线、开放圆弧和直线边的中点
	允许选择曲线的端点和中点、现有的点和样条上的结点
	允许选择样条和曲面的极点
	允许选择样条和曲面的定义点
	允许选择两条曲线之间的交点(投影点)
	允许选择圆弧和椭圆的中心点
	允许选择圆弧和椭圆的象限点
	允许选择现有的点
	允许选择曲线上最接近光标中心的点
	允许选择曲面上最接近光标中心的点
	允许选择小平面体上最接近光标中心的顶点
	允许选择有界栅格的捕捉点

2. "点"对话框("点"构造器)

　　在建模过程中，必不可少的过程是确定模型的尺寸与位置，"点"对话框就是用来确定三维空间中的模型与尺寸的最一般和最通用的工具，如图 1.2.12 所示。

图 1.2.12　"点"对话框

1.2.4　图层

图层的主要功能是在复杂建模时控制对象的显示、编辑和状态。图层相当于图纸绘图中使用的重叠的图纸，UG 软件提供 256 个图层供用户使用。一个对象上的部件也可以分布在很多图层上，但只有一个图层是当前工作图层，所有的操作只能在工作图层上进行，其他图层可以通过可见性和可选择性等设置进行辅助工作。

UG 的图层分四种，即可见图层、不可见图层、可选图层和不可选图层。通过创建图层，可以将类型相似的对象指定给同一个图层使其相关联。例如，可以将构造线、文字、标注和标题栏置于不同的图层上。

1. 图层工具的使用

为了方便管理，可以在设计产品的过程中按照创建的辅助线、面、实体等特征进行归类管理；在一个装配图中，可对产品的零件名称进行归类管理；在模具设计中，可对模具的各个结构零件名称进行归类管理。这样不仅能提高设计速度，还能提高模型的质量。

2. 图层设置

图层的设置包括图层的编辑、图层的显示和选择以及工作层的设置等，目的是将不同的内容设置在不同的图层中。不同的用户对图层的使用习惯不同，但同一设计单位要保证图层设置一致。"图层设置"界面如图 1.2.13 所示。

图 1.2.13　"图层设置"界面

3. 移动或复制图层

图层的移动或复制如图 1.2.14 所示。

图 1.2.14　"图层移动"对话框

注意：可以先选择要移动的对象，然后在"实用工具"工具条中单击"移动至图层"按钮，即可弹出"图层移动"对话框。

1.2.5　坐标系

在 UG 系统中共包含三种坐标系，分别是绝对坐标系(Absolute Coordinate System，ACS)、工作坐标系(Work Coordinate System，WCS)和机床坐标系(Machine Coordinate System，MCS)。

ACS 是系统默认的坐标系，其原点永远不变；WCS 是 UG 系统提供给用户的坐标系统，用户可以根据需要任意移动它的位置，也可以设置属于自己的 WCS；MCS 一般用于数控编程加工中。在 UG 系统中，最常用的是 WCS 坐标系统。

1. 通过菜单或工具栏使用坐标系相关命令

通过菜单或图标可以打开设置 WCS 的对话框，如图 1.2.15 所示。

图 1.2.15　WCS 坐标系下拉菜单

2. 坐标系的定义

1)　动态

通过步进的方式来移动或旋转当前的工作坐标系。在绘图工作区中拖动坐标系到指定位置，也可以设置步进数值使坐标系移动指定的距离，如图 1.2.16 所示。

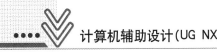

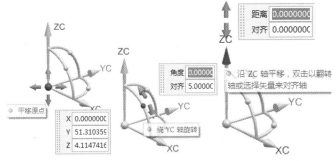

图 1.2.16　动态调整坐标系

注意：可以直接双击坐标系使其激活，处于动态移动状态，用鼠标拖动原点的方块，可以沿 X、Y、Z 坐标轴的方向任意移动，也可以绕任意坐标轴旋转。

2)　WCS 原点(坐标系的移动)

在"点"构造器对话框中，先选择在哪个坐标系中移动，图 1.2.16 所示为用户坐标系，三个坐标分别为 XC、YC、ZC。如果选择 Absolute，则坐标变为绝对坐标系，三个坐标分别为 X、Y、Z，在三个坐标栏中输入移动的值，则原点移动到选定的坐标的相应坐标点上。当然，这种移动不改变坐标轴的方向，并且新坐标系的各坐标轴与原坐标系的相应轴平行。

3)　坐标系的旋转

在"旋转 WCS"对话框中提供了 6 个确定旋转方向的单选项，以及旋转轴分别为 X、Y、Z 坐标轴的正、负方向，旋转方向的正向用右手定则来判定。确定了旋转方向以后，在 Angle 栏中输入旋转的角度，单击"确定"按钮。

4)　WCS 定向(CSYS)

在 WCS 设置对话框的定义坐标方式选框中，提供了 17 种定义方式，如图 1.2.17 所示。

动态	对象的坐标系
自动判断	点，垂直于曲线
原点，X 点，Y 点	平面和矢量
X 轴，Y 轴	平面，X 轴，点
X 轴，Y 轴，原点	平面，Y 轴，点
Z 轴，X 轴，原点	三平面
Z 轴，Y 轴，原点	绝对坐标系
Z 轴，X 点	当前视图的坐标系
	偏置坐标系

图 1.2.17　WCS 定向(CSYS)方式

定义坐标系时，首先在 WCS 设置对话框中选取定义坐标系的方法，然后按相应操作来完成定义，各方式的定义如表 1.2.3 所示。

表 1.2.3　定义 WCS 定向(CSYS)坐标系(部分)

定向方式	说明
对象的坐标系	用已存在的实体的绝对坐标来定义用户坐标
Z 轴，X 点	新坐标系的 ZC 轴为所选直线的方向，坐标原点为所选直线上与设定点距离最近的点，XC 轴正向为坐标原点指向设定点的方向
X 轴，Y 轴	通过选择 X 轴和 Y 轴两条相交直线来定义工作坐标系

续表

定向方式	说明
三平面	新坐标系由三个相交的平面来确定，三条交线分别为到各坐标轴的方向，相交点为坐标原点
绝对坐标系	选取绝对坐标系为工作坐标系
X 轴，Y 轴，原点	通过选择 X、Y 轴和设定一个点来定义工作坐标系。所选的一条直线方向为 X 轴正向，Y 轴正向由从第一条直线方向到第二条直线方向按右手定则来确定；坐标原点为新指定的定点
当前视图的坐标系	将当前视图方向作为坐标系
平面和矢量	选择一个平面和矢量定义坐标系
原点，X 点，Y 点	选择三个点定义坐标系，其中一个点为原点

资料 1-2　构造基准平面　　资料 1-3　创建基准轴　　资料 1-4　实体与特征

本 章 小 结

学习完本章后，读者应该重点掌握以下知识内容。

(1) 创建复杂的产品图时，需要创建多个图层号，并将不同的特征放在不同的图层中。为了提高计算机的运行速度，尽可能地将不需要的特征以相应的图层号设置为不可见。由于模型复杂，很多特征在绘图区中的显示太凌乱，无法使设计者查看特征与特征之间的关系，所以此操作就显得尤为必要。

(2) 在创建空间的曲线和曲面时要灵活运用 WCS 动态和旋转 WCS 功能调整工作坐标系，从而使操作更加方便。

(3) 创建复杂的三维实体或曲面时，常常需要使用基准平面、基准轴和基准 CSYS 功能，以创建的基准作为辅助作用。例如，利用创建的基准作为绘制草图的基准平面、三维曲线、分割曲线、修剪体、拆分体和分割面等。

习 题

(1) 任选一个实体模型，使用不同方式进行各种显示类型的变换。

(2) 任选一个实体模型，练习应用鼠标拾取各部分。

(3) 任选一个实体模型，应用基准平面命令和基准轴命令创建各种类型的基准面和基准轴。

(4) 任选一个实体模型，应用图层命令完成实体的显示和隐藏。

(5) 任选一个实体模型，练习 UG 软件各模块的预设置功能。

第2章 二维绘图

本章要点

(1) 草图工具对话框。

(2) 草图功能选项、草图曲线绘制。

(3) 草图约束、草图操作、编辑草图。

(4) 空间曲线的创建与编辑。

UG 软件的特征创建相当多的部分是以草图为基础的，因此草图是造型的关键，是 UG 中比较重要的工具之一。草图对象由草图上的点、直线、圆弧等元素构成，运用 UG 中的草图绘制工具，可以非常方便地完成复杂图形的绘制操作，还可以进行参数化的编辑。

UG 曲线功能在其 CAD 模块中应用得非常广泛，有些实体需要通过曲线的拉伸、旋转、扫掠等操作构造特征，也可以用曲线进行复杂的实体造型。在特征建模过程中，曲线也可以用作建模的辅助线。另外，绘制的曲线可添加到草图中进行参数化设计。

本章我们将综合应用草图工具、曲线工具，完成二维图形的绘图，掌握草图设计和空间绘图的一般步骤和应用技巧。

2.1 项目：二维基本草图绘制

学习目标

通过本项目的学习，使读者能熟练掌握创建草图、创建草图对象、对草图对象添加尺寸约束和几何约束等相关的草图操作。通过学习了解草图的构建方法，掌握二维草图的构图技巧。二维基本草图绘制图例如图 2.1.1 所示。

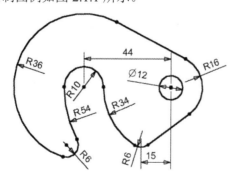

图 2.1.1　二维基本草图绘制图例

学习要点

掌握应用草图的方法，学习圆、直线、圆弧、倒圆角、约束关系等命令的操作方法。

绘图思路

从图形的右侧开始绘图，首先大致绘出草图形状，然后作一些必要的修剪，再添加约束关系，最后标注尺寸，完成草图。

操作步骤

(1) 启动 UG，新建部件文件 T2.1，再选择"应用"菜单下的"建模..."命令，进入建模设计模块。

(2) 进入草图。单击"草图"按钮 ，系统弹出"创建草图"对话框。

在"平面方法"中选择"自动判断"项，默认其他选项，单击"确定"按钮，系统将自动生成一个以用户坐标系中的 XC-YC 平面为草图平面的草图，如图 2.1.2 所示。

图 2.1.2　创建草图

(3) 应用圆、直线等命令绘出大致的图形形状，如图 2.1.3 所示。

注意：应用 UG 草图的绘图工具绘图时，请仔细观察光标右下角的提示，如图 2.1.4 所示，按照提示尺寸来绘出图形，否则在以后添加尺寸约束、标注尺寸时可能会使图形形状变化过大，导致绘图困难。另外，在绘图时也要注意系统会自动添加一些约束关系，如相切、同心等，这也可能造成草图过约束，绘制草图时要多用心观察。

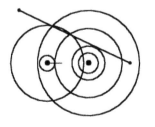
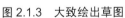

图 2.1.3　大致绘出草图　　　　图 2.1.4　绘图提示

(4) 修剪图形 ，添加几何约束 几何约束，标注快速尺寸 快速尺寸，如图 2.1.5 所示。

注意：如果因约束等因素使草图过约束，系统会在任务栏中提示"草图包含冲突的约束"，如图 2.1.5 所示。此时可以将问题尺寸转为参考尺寸，如 R34 和 R54 为参考尺寸。操作过程：单击鼠标左键选定要改变的尺寸，然后右击，从右键菜单中选择" 转换为参考"。

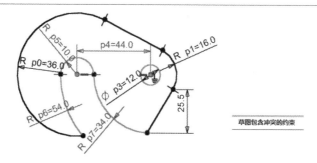

图 2.1.5　修剪、标注草图(包含过约束)

草图修剪：单击"修剪"图标，可以在要修剪的对象上直接单击，也可以按住左键划过要修剪的对象；约束操作：单击"约束"图标，再单击两个要作约束的图素(点、线、圆弧、原点、坐标轴等)，如图 2.1.6 所示。

(5)　通过设置草图选项，可以设置草图标注的文本高度等，如图 2.1.7 所示。

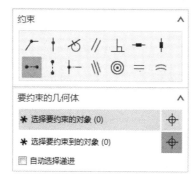

图 2.1.6　约束类型

图 2.1.7　设置草图选项

(6)　将 R34 和 R54 转换为参考尺寸，再完成两个 R6 的圆角，最后完成其他尺寸的标注，结果如图 2.1.8 所示。

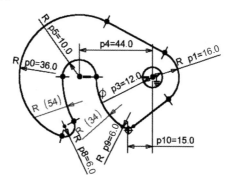

图 2.1.8　标注圆角草图

(7)　单击左上角的"完成草图"图标，退出草图。

其他绘图思路：可以先画出 $\phi 12$ 和 R16、R54 和 R34 的圆和圆弧，并标注好尺寸及同心约束；画出 R10 和 R36 的圆弧并标注好尺寸及同心约束；约束左右两个圆心水平对齐，标注 44 尺寸；修剪并倒两个圆角 R6。

资料 2-1
草图绘图

2.2 项目：偏置线绘草图

学习目标

通过本项目的学习，使读者能熟练掌握创建草图、创建草图对象、对草图对象添加尺寸约束和几何约束等相关的草图操作。重点介绍草图工具栏中的偏置曲线的应用。偏置线绘草图图例如图 2.2.1 所示。

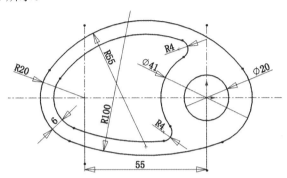

图 2.2.1 偏置线绘草图图例

学习要点

学习圆、直线、圆弧、倒圆角、约束关系、偏置曲线等命令的操作方法。

绘图思路

从图形的右侧开始绘图，先大致绘出草图形状，然后作约束及一些必要的修剪，再偏置曲线、倒圆角，修剪多余的线素，最后标注尺寸，完成草图。

操作步骤

1) 新建文件

启动 UG，新建部件文件 T2.2，再进入建模设计模块。

2) 进入草图

单击"草图"按钮，选择 XC-YC 项，并接受系统默认的草图名称，单击 OK 按钮确定。

3) 约束曲线

应用圆和圆弧命令绘出大致的图形形状，如图 2.2.2 所示。

注意：在 UG 草图中绘图时，请按光标右下角的数值提示，大致绘出图形，并让系统自动添加一些约束关系，如相切、同心等。

4) 修剪

以两圆圆心为端点，绘出直线，并约束其为水平(一般系统会自动添加水平约束)，然后在直线上右击并从弹出的快捷菜单中选择"转换到/引用自…"命令，将其修改为参考线。再添加相切约束，最后完成修剪，结果如图 2.2.3 所示。

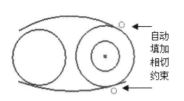
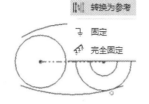
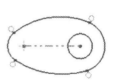

图 2.2.2 绘出草图圆和圆弧   图 2.2.3 修剪草图、绘出中线

5) 标注尺寸

应用"自动判断尺寸"对草图标注,结果如图 2.2.4 所示。

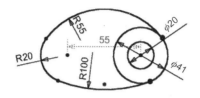

图 2.2.4 标注尺寸

6) 偏置曲线

应用偏置曲线,将外层曲线向内偏移复制,具体设置与操作过程如图 2.2.5 所示。

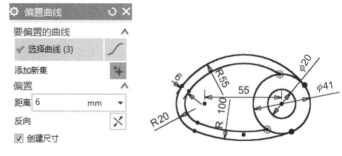

图 2.2.5 偏置曲线

7) 倒圆角、修剪曲线

倒圆角,半径为 4。修剪多余的线素,如图 2.2.6 所示。

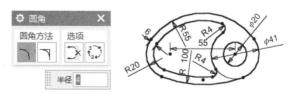

图 2.2.6 倒圆角、修剪曲线

8) 退出草图

在草图工具条上单击"完成草图"图标 ,退出草图环境。

注意: 退出草图后,如果想重新进入草图,可在图形上右击,在弹出的快捷菜单中选择"编辑"命令,即可重新进入草图;或双击鼠标左键进入草图。

资料 2-2
草图对象

2.3　项目：草图镜像

学习目标

通过本项目的学习，使读者能熟练掌握创建草图、创建草图对象、对草图对象添加尺寸约束和几何约束等相关的草图操作。

通过学习了解草图镜像的方法，掌握二维草图的构图技巧。草图镜像图例如图 2.3.1 所示。

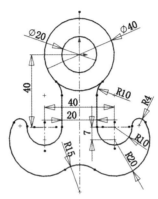

图 2.3.1　草图镜像图例

学习要点

学习圆、直线、圆弧、倒圆角、约束关系、镜像曲线等命令的操作方法。

绘图思路

首先绘出图形的上部，然后绘出图形的右半部分，再通过镜像的方法完成左侧图形的绘制。

操作步骤

1)　新建文件

新建部件文件 T2.3，再选择"应用"菜单中的"建模..."命令，进入建模模块。

2)　进入草图

单击"草图"按钮，选择 XC-YC 项，并接受系统默认的草图名称。

3)　绘制曲线

应用圆和直线命令绘出大致的图形形状，并让系统自动添加一些约束关系，如相切、同心等，如图 2.3.2 所示。

注意：倒圆角时，如果不选择 选项，则对倒圆角的两个图素不作修剪，否则将进行修剪。

4)　镜像曲线

单击工具条上的"镜像"图标，打开"镜像"对话框。根据对话框左上角的提示，先拾取镜像中心线，然后再拾取要镜像的几何图素。

如果拾取到不应该拾取的图素，则可以按住 Shift 键，再次单击图素取消选择，如图 2.3.3 所示。

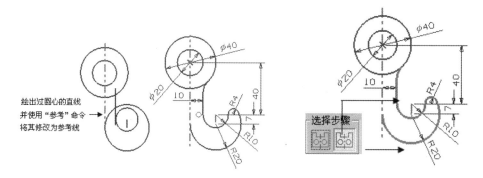

图 2.3.2　绘制曲线　　　　　图 2.3.3　镜像曲线

5)　倒圆角

利用倒圆角命令完成底圆弧 R15 的创建，结果如图 2.3.4 所示。

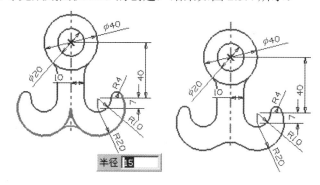

图 2.3.4　倒圆角

6)　退出草图

在草图工具条上单击"完成草图"图标 ，退出草图环境。

资料 2-3　草图约束

2.4　项目：草图变换

学习目标

通过本项目的学习，使读者能熟练掌握创建草图、创建草图对象、对草图对象添加尺寸约束和几何约束等相关的草图操作。学习草图变换的方法，掌握二维草图的构图技巧。草图变换图例如图 2.4.1 所示。

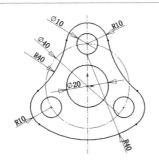

图 2.4.1　草图变换图例

学习要点

掌握草图中圆、直线、圆弧、倒圆角、约束关系、变换等命令的正确使用。

绘图思路

从图形的中心及上部开始绘图，先大致绘出草图形状，然后作 120°变换，再绘出圆弧并添加约束关系，最后标注尺寸，完成草图。

操作步骤

1)　新建文件

启动 UG，新建部件文件 T2.4，进入建模设计模块。

2)　进入草图

单击"草图"按钮，选择 XC-YC 项，如图 2.4.2 所示。

图 2.4.2　新建草图

3)　绘制曲线

①　应用圆和直线命令绘出图形的大致形状，再将中心十字线和大圆转换为参考线，如图 2.4.3 所示。

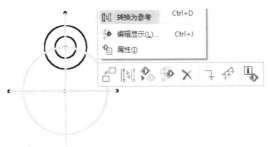

图 2.4.3　绘制曲线

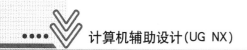

② 复制圆,应用"编辑"菜单中的"变换"命令中的"绕点旋转",复制出两个同心圆,操作过程如图 2.4.4 和图 2.4.5 所示。

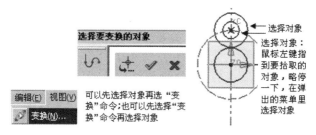

图 2.4.4 选择对象(两个同心圆)

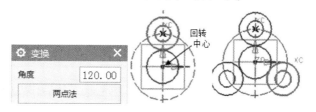

图 2.4.5 绕点回转(旋转)

选定对象确定后,将弹出"变换"对话框,在"角度"文本框中输入 120,然后在"点"对话框中拾取回转(旋转)中心(用圆心点捕捉)。确定后,在弹出的"变换"对话框中,两次单击"复制"按钮。再单击取消,完成作图。复制完成后,不要再单击"确定"按钮,否则会再次进行复制。

4) 添加约束

添加尺寸和位置约束,即复制出来的两组同心圆,可以临时添加"固定"约束,防止移动,如图 2.4.6 所示。

5) 完成底部

画出左侧圆弧,镜像左侧圆弧到右侧,绘出底部圆弧,结果如图 2.4.7 所示。

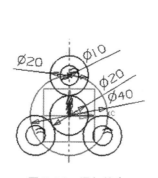

图 2.4.6 添加约束

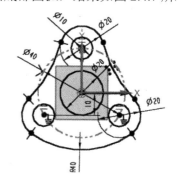

图 2.4.7 结果图

注意:由于先前应用了"固定约束",在绘图过程中可能有过约束,此时可应用"移除约束"来解除过约束。

6) 退出草图

在草图工具条上单击"完成草图"图标,退出草图环境。

资料 2-4
草图操作

2.5　项目：空间绘图——平面图

学习目标

通过本项目的学习，使读者能够掌握矩形、圆、曲线裁剪等空间曲线绘图的基本技能。空间绘图——平面图图例如图 2.5.1 所示。

学习要点

掌握应用矩形、圆、基本曲线、曲线裁剪等命令在空间完成平面图形的绘制。

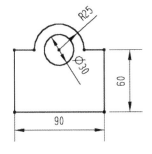

图 2.5.1　空间绘图——平面图图例

绘图思路

首先绘出矩形，再绘出上面的两个圆，然后应用曲线裁剪等命令对图形修剪。

操作步骤

1)　新建文件

新建部件文件 T2.5，再选择"应用"菜单中的"建模..."命令，进入建模设计模块。

2)　绘制矩形

单击曲线工具栏上的"矩形"图标，打开"点"构造器，确定顶点 1 的坐标为(0, 0, 0)，再给出顶点 2 的坐标为(90, -60, 0)，确定后，绘出矩形，如图 2.5.2 所示。

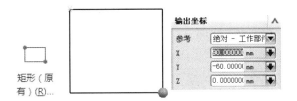

图 2.5.2　绘制矩形

提示：

(1)　由于 NX12.0 将曲线命令"矩形"隐藏起来，所以要通过下面的方式找到，并添加到曲线工具栏中，以方便使用，如图 2.5.3 所示。

图 2.5.3　绘制矩形

(2)　绘出的曲线一般都是在 XY 平面上，若想在其他平面绘图，请用动态坐标命令将 XY 平面变换到这个平面上，再开始绘图。

3) 画圆

应用曲线工具栏"圆弧/圆"命令,绘出 R25 的圆。首先捕捉上边线中点定位圆心,再选中"整圆"复选框,并在弹出的尺寸栏中输入 25,如图 2.5.4 所示。同理,绘出 $\phi 30$ 的圆。

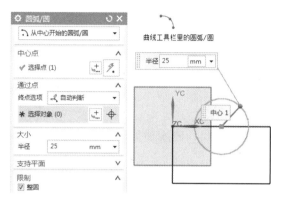

图 2.5.4　绘制圆形

4) 曲线修剪

单击曲线编辑工具栏中的"修剪曲线"图标,对曲线进行修剪,如图 2.5.5 所示。

提示:

(1) 在选择区域中选择"放弃",在选择"要修剪的曲线"中选择要放弃的那一段;在选择"边界对象"中选择 R25 的圆,其他如图 2.5.5 所示。

(2) 也可以利用分割曲线,将曲线分割成多段,再将不需要的部分隐藏或删除,即可完成曲线的修剪。

同理,修剪掉 R25 圆的下半部,如图 2.5.6 所示。

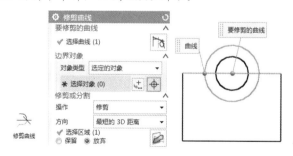

图 2.5.5　曲线修剪(1)

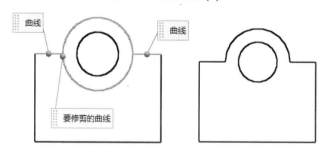

图 2.5.6　曲线修剪(2)

资料 2-5　曲线
绘制与编辑

2.6　项目：空间绘图——三维线架图

学习目标

通过本项目的学习，使读者能熟练掌握应用圆弧、圆、对象显示、直线、曲线修剪、坐标变换、绕点旋转等命令在空间绘制二维线框图的绘图技巧。三维线架图图例如图 2.6.1 所示。

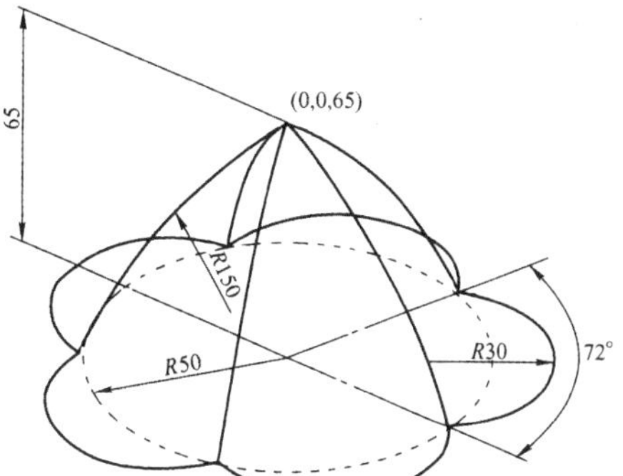

学习要点

掌握圆弧、圆、直线、对象显示、曲线修剪、坐标变换、绕点旋转等命令的正确使用。

图 2.6.1　三维线架图图例

绘图思路

首先作圆心坐标为(0,0,0)，半径为 R50 的虚线圆，再作夹角成 72°的两直线(其中一条与 X 轴共线)，接着作 R30 的圆，通过绕点旋转作其他等间距的 R30 的圆弧；然后在空间作(0,0,65)的点，接着旋转坐标系，将原坐标的 XOY 平面旋转到 XOZ 平面构成新的坐标系统，再在此平面上作一条 R150 的圆弧，将坐标恢复到初始状态，应用绕点旋转，最后完成其他 R150 的圆弧。

操作步骤

1)　新建文件

启动 UG，新建部件文件 T2.6，进入建模设计模块。

2)　绘 R50 的虚线圆

在视图操作栏中选择俯视图，在曲线工具栏中单击"圆弧/圆"命令图标，选择画圆命令。单击"中心点/选择点(1)"栏中的"点"对话框图标，在弹出的"点"对话框中输入圆心坐标(0,0,0)，确定后完成 R50 的圆，如图 2.6.2 所示。

图 2.6.2　绘 R50 的虚线圆

3) 改变对象属性

在"编辑"菜单中选择"对象显示"命令并拾取要修改的 R50 整圆，确定后在弹出的对话框中的线型栏中选择虚线，颜色选择黑色，"应用"生成虚线圆，如图 2.6.3 所示。

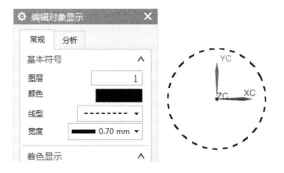

图 2.6.3　改变对象属性

4) 画直线

起点，捕捉原点；终点，捕捉圆的象限点，画出与 XC 平行的直线，如图 2.6.4 所示。继续捕捉原点后，在跟踪角度栏中输入 72，确定后画出与 X 轴成 72°角的直线，参数设置如图 2.6.5 所示。画第二条直线，终点超出圆，然后再修剪多余的部分。

图 2.6.4　画与 XC 平行的直线

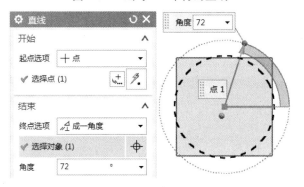

图 2.6.5　画与 X 轴成 72°角的直线

5) 曲线修剪

打开"修剪"对话框。设置样条延伸选项为"无"，"选择区域"选择放弃，然后在超过圆弧的部分上单击"选择"按钮，再选择虚线圆作为边界，确定后即可修剪(第二个边界不选)，如图 2.6.6 所示。

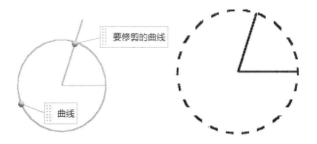

图 2.6.6　曲线修剪

6)　绘圆弧

应用圆弧/圆中的三点画圆弧命令，画出 R30 圆弧，如图 2.6.7 所示。

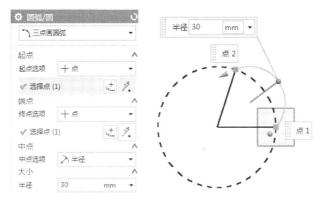

图 2.6.7　画出 R30 圆弧

7)　变换复制

将两条直线改成虚线(参考步骤 3)。通过"变换"操作、"绕点旋转"复制出其他 4 条等间距 R30 圆弧，如图 2.6.8 所示。

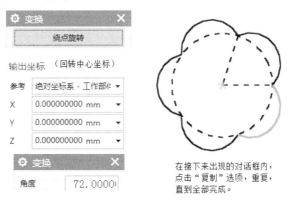

图 2.6.8　复制 R30 圆弧

8)　绘点

在曲线工具栏中单击"点"命令图标，然后在出现的对话框中输入(0,0,65)，确定后生成点，如图 2.6.9 所示。

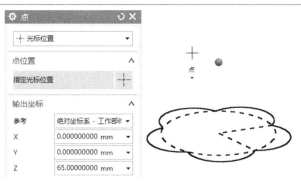

图 2.6.9　绘点

9)　旋转坐标

通过动态坐标命令，旋转坐标系，将原坐标的 XY 平面旋转到 XZ 平面，构成新的坐标系统，如图 2.6.10 所示。

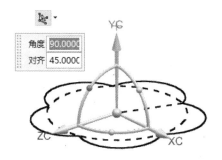

图 2.6.10　旋转坐标

10)　绘圆弧

通过捕捉点和端面来生成起点和终点，再输入 150，确定后绘出 R150 的圆弧，如图 2.6.11 所示。

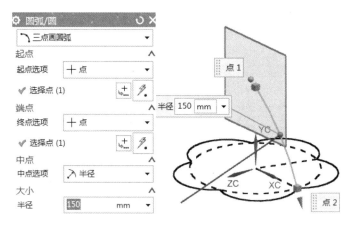

图 2.6.11　绘圆弧

另外，如果应用圆弧命令选项中的"支持平面"，合理选择绘图平面，那么也可以不用变换坐标系，直接应用圆弧命令完成 R150 的圆弧绘制，如图 2.6.12 所示。

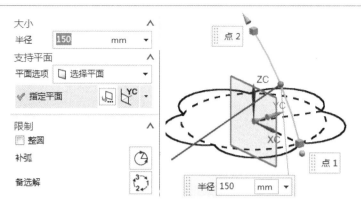

图 2.6.12　合理选择绘图平面

11) 复制圆弧

如果变换了坐标系，这一步骤必须先将坐标恢复到初始状态(保证在 XOY 平面作旋转变换)，应用绕点旋转命令，复制完成另外 4 条 R150 圆弧，如图 2.6.13 所示。

注意：回转中心为(0,0,0)；旋转角度为 72°。

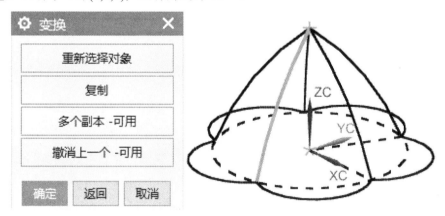

图 2.6.13　复制圆弧

本 章 小 结

本章主要介绍了 UG 草图功能的相关操作，以及曲线的创建和对曲线进行编辑命令的使用方法。这部分内容是 UG CAD 的基本知识，读者需要掌握这些基本的操作方法并在实际应用中加以灵活运用，以便达到设计目的，而且只有掌握了这些内容，才能为进一步使用 UG 打下良好的基础。

通过对本章的学习，读者应该重点掌握以下知识内容：基本曲线的建立方法、草图曲线的绘制、草图约束、草图编辑、曲线基本操作、曲线的基本编辑。

习　　题

通过综合应用草图工具、曲线工具，完成如下所示的各种二维图形的绘图，掌握草图设计和空间绘图的一般步骤和应用技巧。

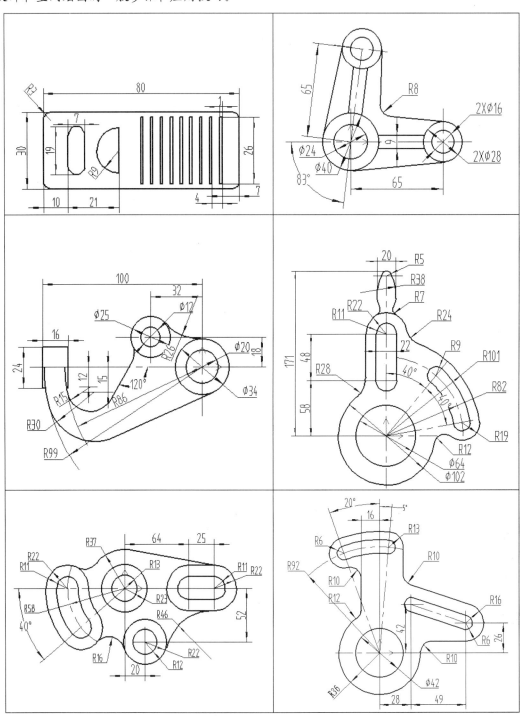

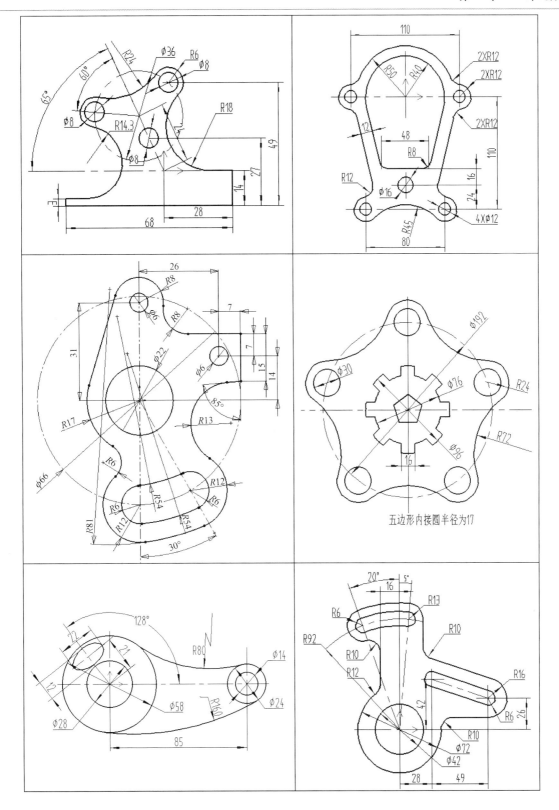

五边形内接圆半径为17

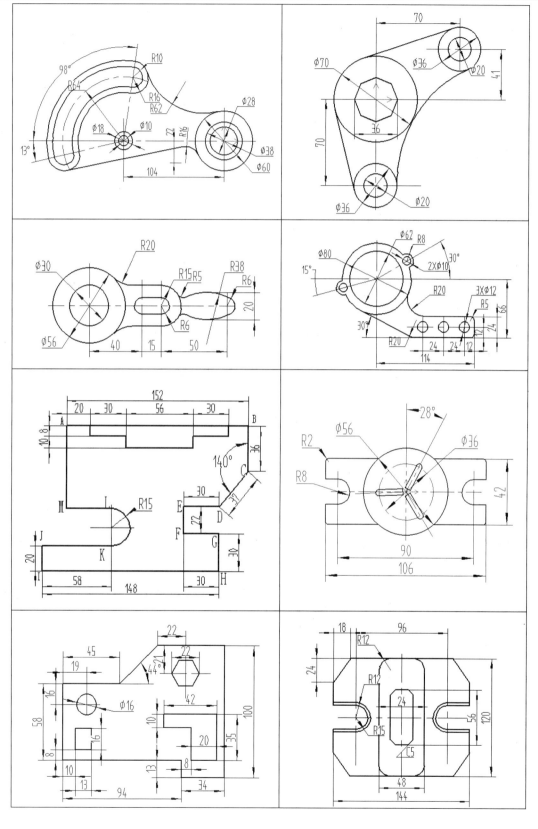

第 3 章　基本实体建模

本章要点

(1) 长方体、圆柱体、圆锥体、球体。
(2) 孔、腔、凸起、布尔运算。
(3) 键槽、沟槽、螺纹、倒斜角、倒圆角。
(4) 实体变换、引用特征、基准平面。

应用 UG 中的基本体进行设计是最直观、最简单的设计方法，是实际应用中最广泛，也是成形特征创建中最基础的一种方法。在创建各种基本体时，关键在于完全确定一个特征的各限定参数的设置以及放置位置。孔、凸起、型腔等成形特征主要用于添加结构细节到模型上，它们与实际加工或设计思路相同。

本章我们将综合应用长方体、圆锥体、球体、孔、凸起、布尔运算、键槽、倒角、螺纹、拉伸体、实体变换、阵列、镜像、扫描、旋转、倒角、基准平面等命令创建模型。

3.1　项目：基本体素构图

学习目标

通过本项目的学习，使读者能熟练掌握长方体、圆锥体、球体等基本体素的使用方法以及布尔运算的操作过程，掌握三维建模的基本构图技巧。基本体素构图图例如图 3.1.1 所示。

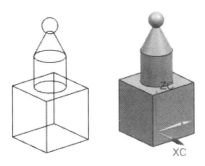

图 3.1.1　基本体素构图图例

作图要求：正方体，底面中心在系统原点，尺寸为 50×50×50；圆柱体，底面中心在正方体上表面中心，尺寸为 φ30×30；圆锥体，底面中心在圆柱体上表面中心，尺寸为 φ30×φ0×30；球体，球心在圆锥体尖顶处，球直径 φ15。

学习要点

掌握 UG CAD 中长方体、圆锥体、球体、布尔运算命令的正确使用。

绘图思路

依次绘出正方体、圆柱体、圆锥体、球体，注意基点的选择。

操作步骤

(1) 启动 UG，新建部件文件 T3.1，选择"应用"菜单中的"建模…"命令，进入设计模块。

(2) 创建正方体，因正方体为长方体的一种，在 UG 中使用长方体对话框创建正方体，如图 3.1.2 所示。

图 3.1.2 创建长方体(长、宽、高都为 50mm)

作图要点：选择"原点和边长"方式，并指定原点为(x-50, y-50, z0)，即将长方体底面中心放置到系统原点上，以便后期作图方便计算坐标。

(3) 创建圆柱体，如图 3.1.3 所示。

图 3.1.3 创建圆柱体

作图要点：选择"轴、直径和高度"方式创建圆柱体，指定轴矢量为 ZC 正向，再指定底面中心点坐标为(x0, y0, z50)，布尔选项为"合并"，即与长方体合并为一个实体。

(4) 创建圆锥体，如图 3.1.4 所示。

作图要点：选择"直径和高度"方式创建圆锥体，指定轴矢量为 ZC 正向，再指定底面中心点坐标为(x0, y0, z80)或是直接捕捉圆柱上表面中心点，布尔选项为"合并"，即与长方体和圆柱体合并为一个实体。

(5) 创建球体，如图 3.1.5 所示。

作图要点：选择"中心点和直径"方式创建球体，再指定球的中心点坐标为

(x0, y0, z110)，布尔选项为"合并"，即与长方体、圆柱体和圆锥体合并为一个实体。

图 3.1.4　创建圆锥体

图 3.1.5　创建球体

资料 3-1　基本实体

3.2　项目：成形特征构图——孔、凸起、键槽、圆角

学习目标

通过本项目的学习，使读者能熟练掌握长方体、圆台、孔、键槽、倒圆角等命令的构图方法，掌握三维建模的基本构图技巧。成形特征构图建模示例如图 3.2.1 所示。

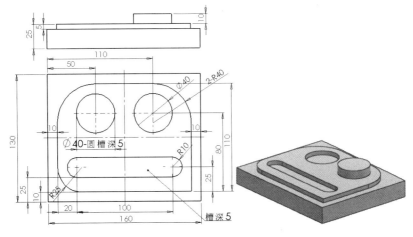

图 3.2.1　成形特征构图建模示例

学习要点

掌握长方体、圆台、孔、键槽、倒圆角命令的使用方法。

绘图思路

首先绘制长方体基体，在其上再绘出另一个长方体，然后通过凸起、孔、键槽等命令创建细节特征。

操作步骤

(1) 启动 UG，新建部件文件 T3.2，选择"应用"菜单中的"建模…"命令，进入设计模块。

(2) 创建两个长方体，如图 3.2.2 和图 3.2.3 所示。

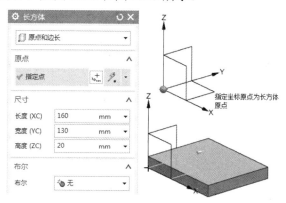

图 3.2.2　绘制长方体 160x130x20

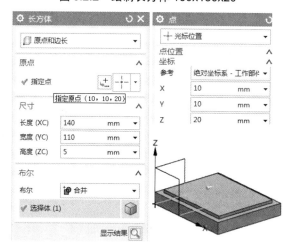

图 3.2.3　绘制长方体 140x110x5

提示：绘第二个长方体时，在指定原点时，先将左下角的点坐标在"点"构造器中正确设置，然后采用"合并"的方式进行布尔运算。

(3) 绘制圆孔，如图 3.2.4 所示。

孔的绘制步骤如下。

① 选择孔命令，打开参数对话框；

② 选择类型；

③ 设置参数值；

④ 选择平的放置面，尺寸定位；

⑤ 确定，生成孔特征。

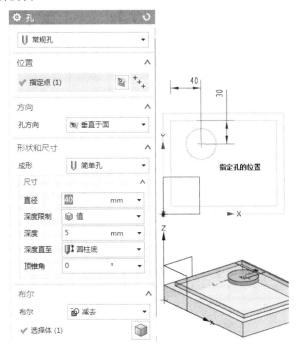

图 3.2.4　绘制圆孔

提示：在应用孔命令时，首先在左下角状态栏中提示"选择要草绘的平的面或指定点"，此时需要指定孔的中心点，可以直接捕捉点，也可以绘制一个新的点，然后用尺寸约束。

(4) 绘制凸起，如图 3.2.5 所示。

图 3.2.5　绘制凸起

(5) 绘制键槽，如图 3.2.6 所示。

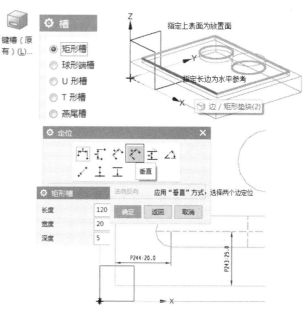

图 3.2.6　绘制键槽

键槽的绘制步骤如下。

① 选择键槽命令，打开参数对话框；

② 选择直角坐标方式；

③ 选择实体上表面作为平的放置面；

④ 设置参数值(100×20×5)；

⑤ 尺寸定位，确定。

(6) 倒圆角，如图 3.2.7 所示(部分，其他略)。

图 3.2.7　倒圆角

资料 3-2　基本特征

3.3　项目：成形特征构图——沟槽、倒角、螺纹

学习目标

通过本项目的学习，使读者能够熟练掌握沟槽、倒角、螺纹、基准平面等基本构图命令的使用，掌握三维建模的基本构图技巧。成形特征构图图例如图 3.3.1 所示。

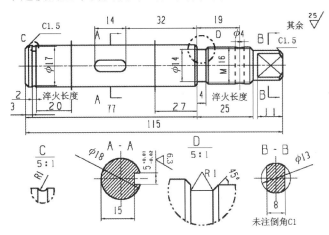

图 3.3.1　成形特征构图图例

学习要点

学习 UG 成形特征命令中沟槽、倒角、螺纹、基准平面的应用技巧。

绘图思路

利用圆柱体创建 $\phi 18 \times 77$ 的基体，再用圆台特征创建 $\phi 16 \times 25$ 和 $\phi 13 \times 13$ 特征。然后通过键槽命令创建矩形槽，再通过沟槽命令创建两个环形槽，通过孔命令完成孔的创建，利用倒角、倒圆角命令完成倒角和倒圆角，再用拉伸切除命令完成轴的上顶部的建模，最后用螺纹命令完成螺纹构造。

操作步骤

(1)　启动 UG，新建部件文件 T3.3，选择"应用"菜单中的"建模…"命令，进入设计模块。

(2)　创建圆柱和圆台。

①　创建圆柱体，选择"圆柱"命令，选择直径和高度方式，输入数值，选择 X 轴正向作为放置方向，将圆柱底面中心定位在原点，如图 3.3.2 所示。

②　创建凸起，选择"凸起"命令，选择圆柱上表面作为凸起的面，选择曲线时，需要进入草图界面，绘出 $\phi 16 \times 25$ 的圆，圆心为圆柱中心，其他参数如图 3.3.3 所示。

同理，创建 $\phi 13 \times 13$ 的凸起，操作过程如图 3.3.4 所示。

(3) 创建键槽。

由于 NX 12.0 版本的键槽命令是隐藏的状态，所以在使用此命令之前，要先通过命令查找器，找到该命令并开启，如图 3.3.5 所示。

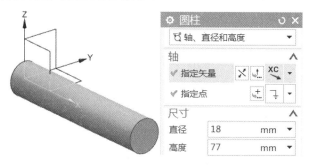

图 3.3.2　创建圆柱体

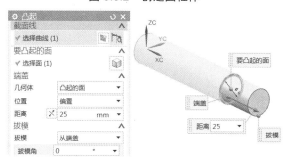

图 3.3.3　创建凸起φ16x25

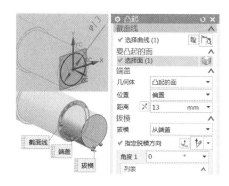

图 3.3.4　创建凸起φ13x13

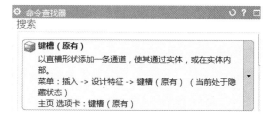

图 3.3.5　开启键槽命令

① 建立与φ18圆柱相切的基准平面，如图 3.3.6 所示。

图 3.3.6　与φ18圆柱相切的基准平面

创建这个基准平面时，首先选择ϕ18 圆柱的表面，再捕捉圆柱边缘线的节点。

② 建立过ϕ18 圆柱上表面圆心的基准平面，如图 3.3.7 所示。

图 3.3.7　建立过ϕ18 圆柱上表面圆心的基准平面

③ 选择"键槽"命令，首先选择矩形槽方式，再选择与ϕ18 圆柱相切的基准平面，接受默认边(即箭头指向内)，如图 3.3.8 所示。

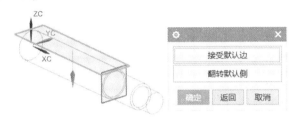

图 3.3.8　接受默认边

④ 在选择水平参考时选择实体面，选择圆柱侧面作为水平参考。

⑤ 设置键槽参数，如图 3.3.9 所示。

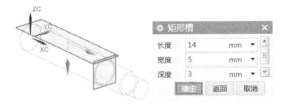

图 3.3.9　设置键槽参数

⑥ 选择"垂直"定位方式，目标边选择第二步作出的定位基准平面；工具边选择键槽侧圆弧边，再选择"相切点"选项，输入数值 32mm；确定完成，如图 3.3.10 所示。

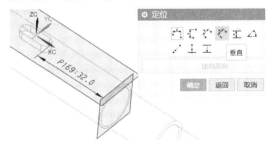

图 3.3.10　设置键槽参数

(4) 创建球形沟槽。

应用 槽 命令制作ϕ17 处球形沟槽的步骤如下。

①选择"沟槽"命令打开对话框，选择"球形端"方式；②在选择放置面时选择圆柱面，然后填写沟槽直径及球直径参数；③选择目标边(圆柱底边)，再选择工具边(球形沟右侧边)，输入定位尺寸 3mm；④确定后完成沟槽的创建，如图 3.3.11 所示。

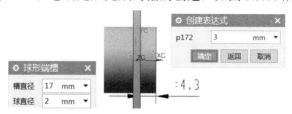

图 3.3.11　创建球形沟槽

(5) 创建矩形沟槽。

应用 (沟槽)命令制作 $\phi 14$ 处矩形沟槽，选择沟槽命令打开对话框，选择直角坐标方式，其他过程参照(4)，结果如图 3.3.12 所示。

(6) 绘制圆孔。

应用 (孔)命令制作 $\phi 4$ 处圆孔，操作过程如下。

① 创建孔的平的放置面，该平面要与键槽平面成 90°，如图 3.3.13 所示。

图 3.3.12　创建矩形沟槽

图 3.3.13　孔的平的放置面

② 合理设置孔的参数(通孔)。

③ 定位孔的位置。

④ 完成孔的创建，如图 3.3.14 所示。

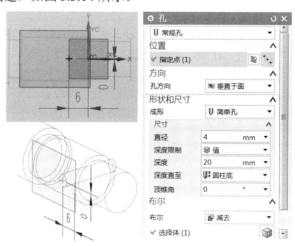

图 3.3.14　完成孔的创建

（7）实体边缘倒角和倒圆角，以尾端倒角 C1.5 为例，如图 3.3.15 所示。

①单击已创建的三个基准平面，然后在右键菜单中选择"隐藏"命令，可将平面隐藏。②倒角，应用"倒角"命令，打开"倒角"对话框，选择等距方式，然后输入倒角距离，再选择要倒角的边，确定后生成倒角。

（8）顶端拉伸切除。①以轴的顶端上表面为基准面绘出草图。②应用"偏置"拉伸方式，完成造型，如图 3.3.16 所示。

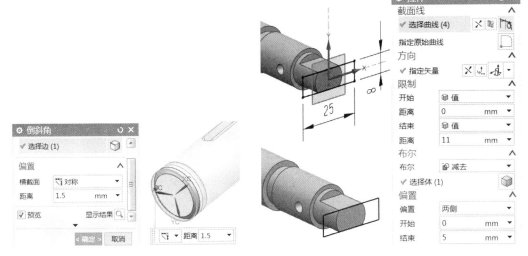

图 3.3.15　倒角 C1.5　　　　　　　　图 3.3.16　顶端拉伸切除

（9）制作螺纹。①通过在"编辑"菜单中打开"隐藏"选项，可以对图示隐藏平面进行显示；②应用螺纹刀命令创建螺纹，完成造型，如图 3.3.17 所示。

图 3.3.17　制作螺纹

提示： 应合理设置螺纹的起始平面，本例选择图示基准平面为螺纹起始平面，长度设置为 28mm，最终模型如图 3.3.18 所示。

图 3.3.18　最终模型

资料 3-3　沟槽、螺纹刀、倒斜角

3.4 项目：实体变换

学习目标

通过本项目的学习，使读者能熟练掌握拉伸体、实体变换(草图变换)等基本构图方法的使用，掌握三维建模的基本构图技巧。实体变换建模示例如图 3.4.1 所示。

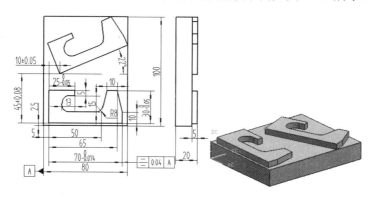

图 3.4.1 实体变换建模示例

学习要点

掌握 UG 拉伸体、实体变换(草图变换)等命令的应用技巧。

绘图思路

利用长方体命令创建 80×100×15 的基体，在其上表面作草图，然后用拉伸体命令作出一个凸起的实体，再通过实体变换的命令完成另一个凸起的实体建模。另一个方法是通过草图变换的方式完成上部凸起部分的草图绘制，然后通过拉伸体命令完成造型。

操作步骤

(1) 启动 UG，新建部件文件 T3.4，选择"应用"菜单中的"建模…"命令，进入设计模块。

(2) 创建 80×100×15 的长方体，如图 3.4.2 所示。

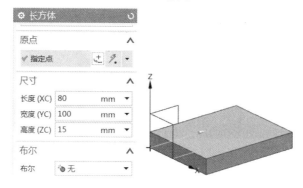

图 3.4.2 创建长方体

(3)　创建草图平面。在长方体上表面创建一个新的草图，如图 3.4.3 所示。

(4)　"确定"后进入草图绘制界面，绘出草图，如图 3.4.4 所示。

(5)　拉伸草图创建实体。

退出草图，打开"拉伸实体"对话框，设置参数，确定完成，如图 3.4.5 所示。

提示：此处要选择创建一个实体(布尔：选择"无")。

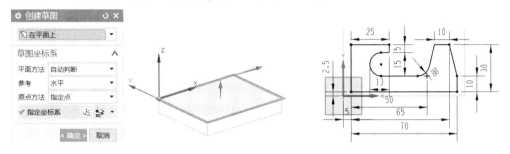

图 3.4.3　创建草图平面　　　　　　　图 3.4.4　绘制草图

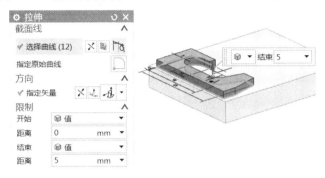

图 3.4.5　拉伸草图创建实体

(6)　实体平移变换。

在"编辑"菜单中选择"变换..."命令；在"变换"对话框中选择"平移"，再选择"增量"；输入平移的增量值；确定后选择"复制"，如图 3.4.6 所示。

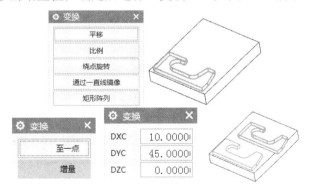

图 3.4.6　实体平移变换

(7)　实体旋转变换。①在"变换"对话框中选择"后退"，再选择"绕一点旋转"，然后指定上一步生成实体的左下角点为旋转点，如图 3.4.7 所示。②确定后，输入旋转角度，确定后在"变换"对话框中选择"移动"选项，确定后完成制图，如图 3.4.8 所示。

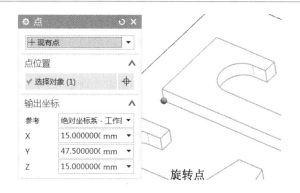

图 3.4.7 指定旋转点

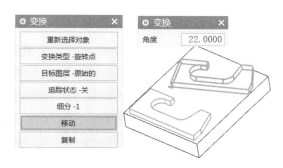

图 3.4.8 旋转实体

提示：当单击"移动"按钮后，实体已经出现了，此时不要单击"确定"按钮，否则重复生成实体，最后单击"取消"键。

说明：①在这里应用的是实体的变换，所以在拉伸实体的布尔运算中一定要选择"创建"选项，如果应用了求和，即"并"的布尔运算，拉伸的实体就变成特征了，就不能应用实体"变换"命令；②在作草图时只应用"变换"命令也可以生成草图上的旋转图形，然后应用"拉伸"命令完成造型。

资料 3-4 变换命令

3.5 项目：引用特征——环形阵列

学习目标

通过本项目的学习，使读者能熟练掌握长方体、圆台、孔、引用特征等基本构图方法的使用，掌握三维建模的基本构图技巧。引用特征——环形阵列建模示例如图 3.5.1 所示。

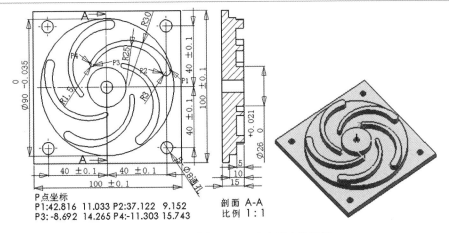

图 3.5.1　引用特征——环形阵列建模示例

学习要点

掌握 UG NX 中长方体、圆台、孔、引用特征等命令的应用方法。

绘图思路

利用长方体创建基体，再用圆台特征创建 $\phi90\times5$ 和 $\phi26\times5$ 特征，然后通过孔命令完成 5 个 $\phi8$ 通孔的创建；在 $\phi90\times5$ 圆台上表面作出一个叶片的草图，利用拉伸命令完成一个叶片的建模(并运算)，最后利用引用特征命令完成其他叶片的阵列造型(也可以在草图上利用变换作出其他叶片的草图，再拉伸完成造型)。

操作步骤

(1) 启动 UG，新建部件文件 T3.5，选择"应用"菜单中的"建模..."命令，进入设计模块。

(2) 创建长方体及两个圆台。①利用长方体命令创建 $100\times100\times5$ 的基体，如图 3.5.2 所示；②利用凸起命令(也可使用圆柱命令)创建 $\phi90$ 和 $\phi26$ 的圆柱特征，如图 3.5.3 所示。

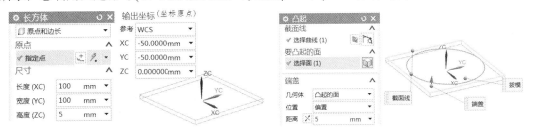

图 3.5.2　创建长方体　　　　图 3.5.3　创建凸起 $\phi90(\phi26$ 略)

提示：将长方体的底面中心点设为系统原点，这样绘制后面草图点坐标时会很方便。

(3) 创建中心孔和一个角点附近的孔。①中心孔：选择"简单孔"方式，设置参数并选择小圆台上表面，确定后利用"点到点"的定位方式，使孔中心与小圆台上表面中心重合，如图 3.5.4 所示；②作出右下角点附近的孔：选择"简单孔"方式，设置参数并选择长方体上表面，在草图上确定孔的位置，其他参数如图 3.5.5 所示。

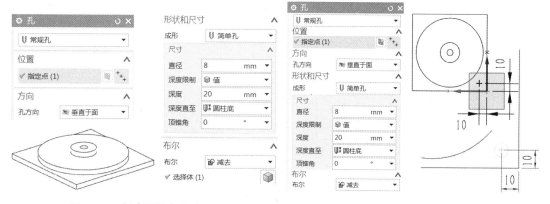

图 3.5.4　创建圆柱中心孔$\phi 8$　　　　　图 3.5.5　创建拐角中心孔$\phi 8$

(4)　矩形阵列长方体上表面圆孔(本例环形阵列也可以)，如图 3.5.6 所示。①选择"阵列特征"命令；②选择矩形阵列引用选项；③选择要引用的特征；④输入参数；⑤创建引用；⑥确定完成。

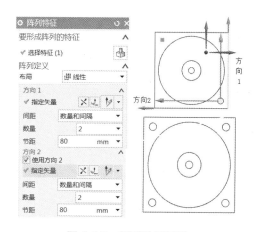

图 3.5.6　矩形阵列圆孔

说明："阵列特征"命令是对特征进行操作，可以按指定的规律将特征进行复制，并保持阵列中的各成员与源特征之间的相关性。

(5)　在$\phi 90$ 的圆台上表面作出一个叶片草图。①单击$\phi 90$ 的圆台上表面，单击草图图标，进入草图界面；②选择"点"命令➕，在"点"构造器中输入 P_1、P_2、P_3、P_4 四个点的坐标；③将四个点约束成固定；④画出 R25 和 R30 两条圆弧；⑤画出 R1.5 和 R3 两条圆弧(如有相切约束请删除，否则会造成过约束)，如图 3.5.7 所示。

说明：将草图原点放到圆柱中心是创建各点坐标的前提条件；由于各点的精度问题，可以将四个点的固定约束去除，然后将两条小弧与两条大弧相切。这样点坐标会有所变动，但弧间相切连接，造型会比较平顺。

(6)　拉伸叶片草图完成造型，如图 3.5.8 所示。

提示：如果在操作时选择布尔运算"无"，确定后创建一个实体。下一步可以应用上一项目的"变换"中的"绕点旋转"复制其他几个叶片实体。本例这一步布尔运算"合并"创建一个叶片特征。

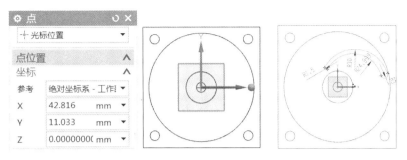

图 3.5.7　一个叶片草图

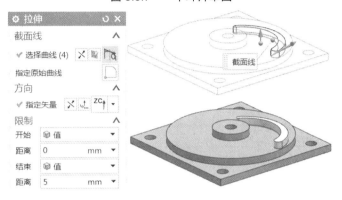

图 3.5.8　拉伸叶片草图

(7) 环形阵列创建其他叶片实体。

选择"引用特征"命令；选择环形阵列引用选项；选择要引用的特征；输入参数；选择基准轴；创建引用；确定完成，如图 3.5.9 所示。

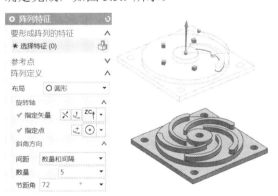

图 3.5.9　阵列其他叶片特征

注意：在选择旋转轴时要指定 ZC 轴正向，旋转点要选择圆柱中心。其他参考图示。

资料 3-5　关联复制

3.6 项目：拉伸体

学习目标

通过本项目的学习，使读者能熟练掌握拉伸体(有距离)、倒圆角、孔等基本构图方法的使用，掌握三维建模的基本构图技巧。拉伸体建模示例如图 3.6.1 所示。

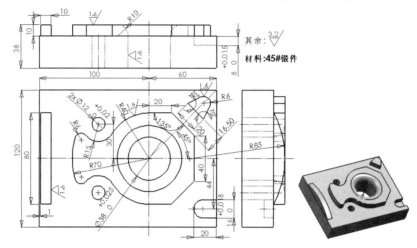

图 3.6.1 拉伸体建模示例

学习要点

掌握使用 UG 拉伸体(有距离)、倒圆角、孔等命令完成三维建模。

绘图思路

利用长方体创建 160×120×28 的基体，在其上表面完成草图创建，通过选择意图完成分层次拉伸，再在长方体侧面作出 R85 的草图圆弧，利用拉伸完成圆弧造型，最后利用孔和倒圆角命令完成造型。

操作步骤

(1) 启动 UG，新建部件文件 T3.6，选择"应用"菜单中的"建模..."命令进入设计模块。

(2) 创建长方体。

应用"长方体"命令中的"原点，边长度"选项构造 160×120×28 的长方体，其原点设定在(0,0,0)处，如图 3.6.2 所示。

(3) 绘制草图：首先，在长方体上表面绘出草图；其次，作"拉伸"建模，顺序是先用"选择意图/已连接曲线"选项选择数字①处连接作出凸起部分，再作数字②处的凸台，再作数字③处的凹槽，然后作数字④处的孔，最后作数字⑤处的两个小孔，如图 3.6.3 所示。

(4) 拉伸，应用布尔"合并"方式拉伸出上面的台，如图 3.6.4 所示。再应用两次布尔"减去"的方式拉伸出凹槽和两个孔，过程略。

图 3.6.2　创建长方体

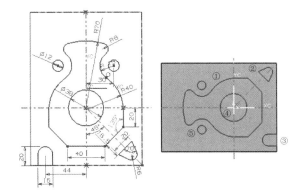

图 3.6.3　绘制草图

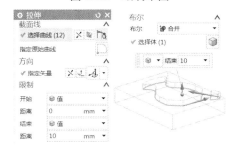

图 3.6.4　拉伸凸台

(5)　作出直径为 38 的中心孔，如图 3.6.5 所示。

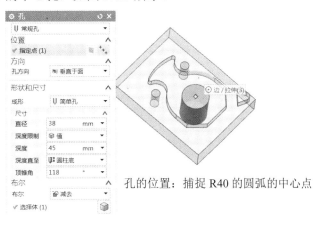

孔的位置：捕捉 R40 的圆弧的中心点

图 3.6.5　直径为 38 的中心孔

(6) 倒 R10 圆角。

应用边倒圆命令，在选择意图中选择单个曲线，然后拾取圆孔上边缘，输入半径值后确定，完成倒圆角，如图 3.6.6 所示。

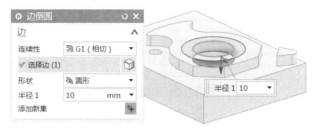

图 3.6.6　倒圆角 R10

(7) 在长方体侧面作出草图，如图 3.6.7 所示。

(8) 确定并完成拉伸，最后隐藏草图，得到最终造型，如图 3.6.8 所示。

提示：按图输入起始值 1，结束值 11，拉伸后实体距离左边缘 1mm。

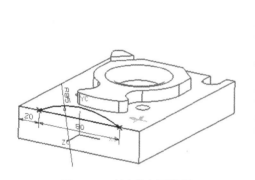

图 3.6.7　长方体侧面草图

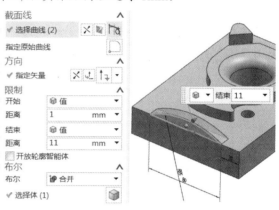

图 3.6.8　拉伸造型

资料 3-6　拉伸条件

3.7　项目：实体镜像

学习目标

通过本项目的学习，使读者能熟练掌握圆柱体、拉伸体、孔、倒圆角、特征阵列、实体镜像、布尔运算等基本构图方法的使用，掌握三维建模的基本构图技巧。实体镜像建模示例如图 3.7.1 所示。

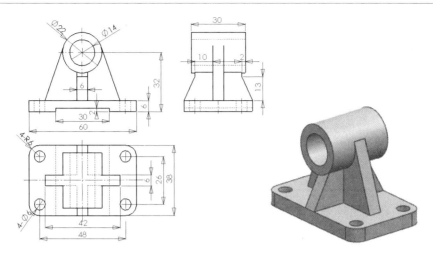

图 3.7.1　实体镜像建模示例

学习要点

掌握 UG 中圆柱体、拉伸、孔、特征阵列、实体镜像、布尔运算等命令的应用。

绘图思路

利用长方体创建 60×38×6 的基体，再用圆柱体命令创建 ϕ22×30 的圆柱体特征。然后作草图拉伸出侧面的筋，再作一个草图拉伸出前方的筋，用实体镜像出后侧的筋，最后应用孔和特征阵列命令完成 4 个孔的创建。

提示：作第二个草图时可以，镜像出后侧筋的草图，一起拉伸，这里主要是为了练习实体镜像命令。另外，在拉伸第二个草图筋时，可以应用布尔合并，然后通过特征镜像完成后侧筋的创建。

操作步骤

(1) 启动 UG，新建部件文件 T3.7，选择"应用"菜单中的"建模..."命令，进入设计模块。

(2) 创建长方体，长方体原点坐标为(x-30, y-19, z0)，操作过程略。

(3) 创建圆柱体，圆柱体底面中心应在(x0, y-15, z32)处，其放置矢量方向应为 Y 轴正向，如图 3.7.2 所示。

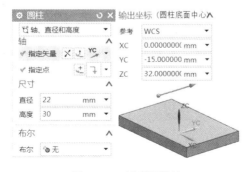

图 3.7.2　创建圆柱体

(4) 在 XOZ 平面创建草图，并绘制草图，如图 3.7.3 所示。

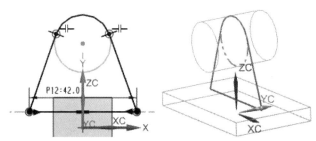

图 3.7.3　创建草图

(5) 双侧拉伸，如图 3.7.4 所示。

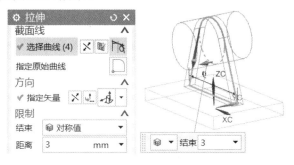

图 3.7.4　双侧拉伸

提示：如果在布尔运算选项中选择并运算，那么系统会提示选择一个要作并运算的实体，因为这里长方体和圆柱体是两个不同的实体。

(6) 在 YOZ 平面创建草图，如图 3.7.5 所示，并双侧拉伸草图 3mm，生成实体。

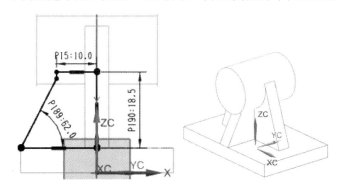

图 3.7.5　创建草图并双侧拉伸

(7) 将以上各实体应用"合并"命令，合成为一个实体。

(8) 镜像特征(若先前没有进行布尔"合并"，本步就要应用"镜像几何体"命令)。

用"镜像特征"命令将第 6 步拉伸生成的特征以 XOZ 平面为镜像面复制一个新的特征，如图 3.7.6 所示。

(9) 创建 $\phi 14$ 的孔。指定位置时，选择圆柱边缘，捕捉其中心，其他参数如图 3.7.7 所示。

图 3.7.6　镜像特征　　　　　　　　　　图 3.7.7　创建 ϕ 14 的孔

(10) 创建 ϕ 6 孔，并矩形阵列出其他 3 个孔，如图 3.7.8 所示。最后倒圆角，选择边倒圆，半径 R6，过程略。

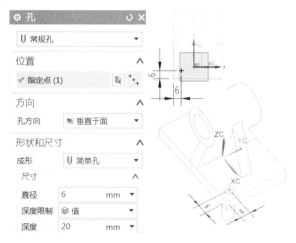

图 3.7.8　创建 ϕ 6 的孔并阵列

3.8　项目：旋转体

学习目标

通过本项目的学习，使读者能熟练掌握长方体、孔、倒角、旋转、特征引用等基本构图方法的使用，掌握三维建模的基本构图技巧。旋转体建模示例如图 3.8.1 所示。

学习要点

掌握 UG 中长方体、孔、倒角、旋转、特征引用等命令的应用。

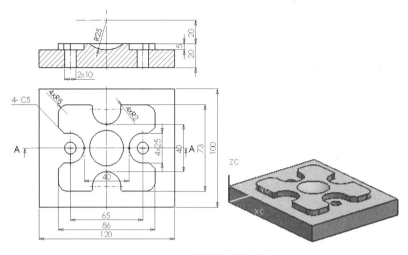

图 3.8.1　旋转体建模示例

绘图思路

利用长方体创建 120×100×15 的基体，再在其上表面完成草图的创建，通过拉伸得到实体特征，通过边倒圆和边倒角细化模型，然后打孔，并镜像孔特征到另一侧，最后应用旋转生成凹坑特征(或是创建球体再求差)。

操作步骤

(1) 启动 UG，新建部件文件 T3.8，选择"应用"菜单中的"建模..."命令，进入设计模块。

(2) 创建长方体并绘制出草图，然后在长方体 120×100×15 的上表面绘制出草图，如图 3.8.2 所示。

(3) 拉伸草图，生成凸台，如图 3.8.3 所示。

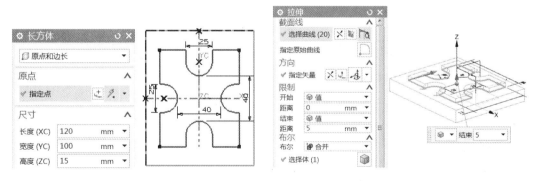

图 3.8.2　长方体及其上表面的草图　　　　图 3.8.3　拉伸凸台

(4) 创建孔，捕捉圆心为孔的中心点，如图 3.8.4 所示。

(5) 镜像孔特征。①单击"镜像特征"命令图标 镜像特征，打开对话框；②选择孔特征；③应用二等分方式创建镜像平面；④确定，完成操作，如图 3.8.5 所示。

图 3.8.4　创建孔

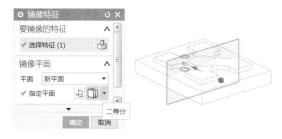

图 3.8.5　镜像孔特征

(6)　以长方体中间面创建基准平面，并在其上创建草图，如图 3.8.6 所示。

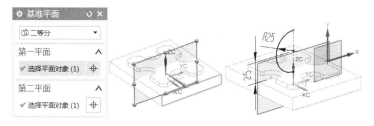

图 3.8.6　创建基准平面及草图

(7)　生成旋转特征。①选择"旋转"命令；②选择剖面轮廓或者绘制草图，完成后按中键退出；③选择旋转轴(圆的中心线)；④设置角度限制方式与限制值；⑤确定，完成旋转特征的创建，如图 3.8.7 所示。

图 3.8.7　旋转切除

(8)　隐藏基准面和草图，并周边倒圆角，倒角，结果如图 3.8.8 所示。

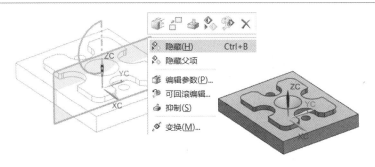

图 3.8.8　隐藏基准面和草图

本 章 小 结

通过本章的学习，我们应掌握以下建模命令：长方体、圆柱体、圆锥体、球体，孔、凸起、腔、布尔运算，键槽、沟槽、螺纹，实体变换、引用特征、基准平面，倒斜角、倒圆角，扫描、旋转、拉伸体。同时，还应学会综合应用这些命令完成产品的三维建模操作步骤与操作技巧。

习　　题

通过下面习题的练习，主要培养学生独立思考、创新思维的能力；通过综合应用长方体、圆锥体、球体、孔、凸起、布尔运算、键槽、倒角、螺纹、拉伸体、实体变换、阵列、镜像、扫描、旋转、倒角、基准平面等命令，学习建模的一般步骤和应用技巧。

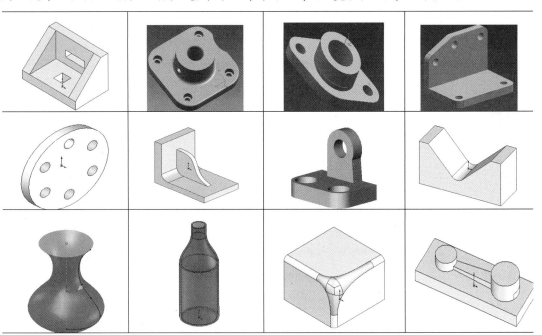

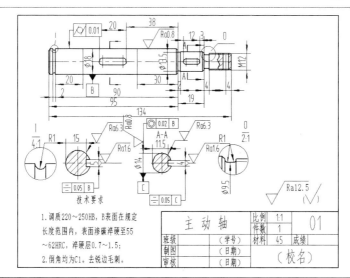

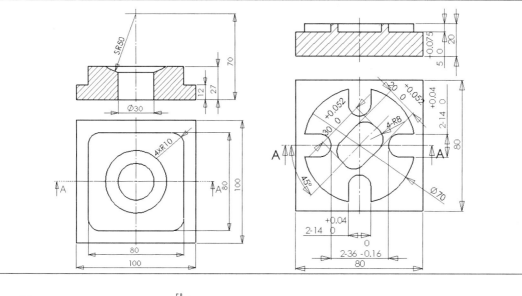

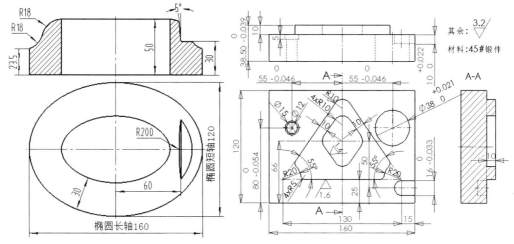

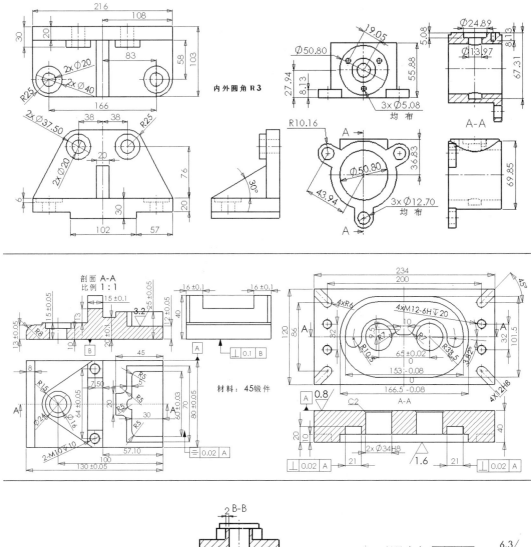

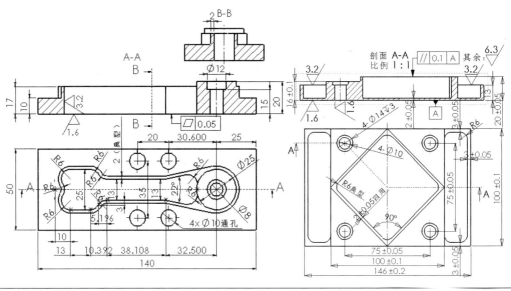

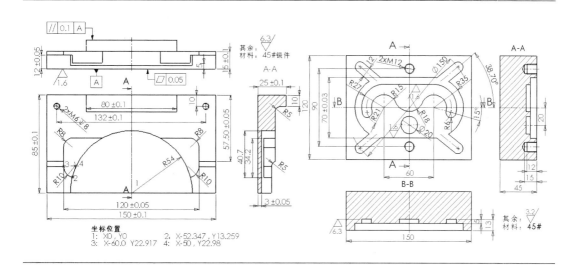

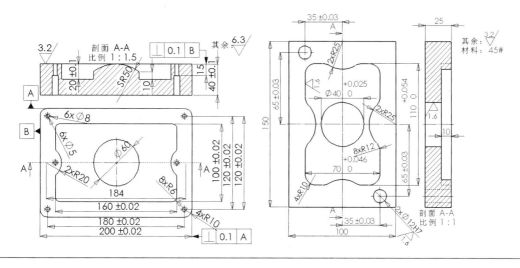

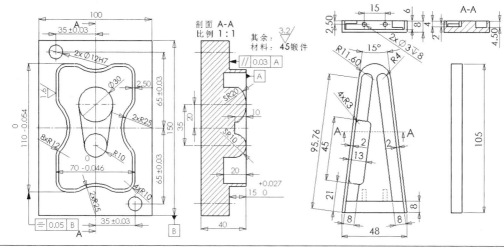

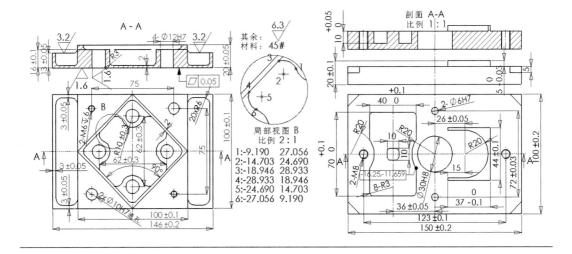

局部视图 B
比例 2:1

1: -9.190   27.056
2: -14.703   24.690
3: -18.946   28.933
4: -28.933   18.946
5: -24.690   14.703
6: -27.056   9.190

其余: 6.3
材料: 45#

第4章 基本曲面、曲线建模

本章要点

(1) 直纹面、通过曲线、通过曲线网格。

(2) 扫描、桥接曲面、N边面、延伸面、偏置曲面。

(3) 裁剪的片体、修剪和延伸。

(4) 螺旋线、规律曲线、偏置曲线。

(5) 桥接曲线、投影曲线。

(6) 组合投影、相交投影、抽取曲线。

现代产品中的曲面设计一般是仿形设计，比如在产品外形复杂且特别注重美学设计效果的领域(如汽车外形)，设计师广泛采用真实比例的木制或泥塑做出真实的三维模型，来评估设计的美学效果，然后由建模师根据产品的造型效果，进行曲面的数据采样、曲线拟合、曲面构造，最终生成计算机三维实体模型，并对其进行编辑和修改。体基于面、面基于线，因此，质量较高的曲面的基础在于线的构造，构造曲线时应尽量避免曲线交叉、重叠、断点等缺陷。

4.1 项目：曲面网格(一)

学习目标

通过本项目的学习，使读者能熟练掌握变换坐标系、圆弧、绕点旋转、曲面网格等命令的使用方法，掌握三维建模技巧。曲面网格建模示例(1)如图 4.1.1 所示。

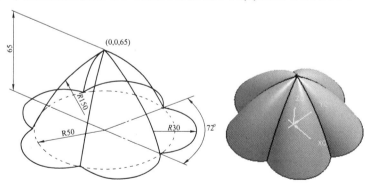

图 4.1.1 曲面网格建模示例(1)

学习要点

掌握 UG 中旋转坐标系、圆弧、绕点旋转、曲面网格等命令的应用。

绘图思路

本例应用曲面网格进行零件造型。首先在"XOY 基准面"上创建草图,绘出具有 5 个 R30 的图形;其次创建一个距 XOY 基准面 Z 向 65mm 的空间点;再次将坐标系 XOY 面旋转到 XOZ 面,利用基本曲线功能作出 R150 的圆弧,将坐标系复原,通过绕点旋转作出其他 4 条 R150 的圆弧;最后以草图和点作为主线串,以 5 个"R150 的圆弧"作交叉线串创建曲面网格,完成造型。

操作步骤

(1) 启动 UG,新建部件文件 T4.1,选择"应用"菜单中的"建模..."命令,进入设计模块。

(2) 制作线架图,具体操作参见项目 2.6。

(3) 创建网格曲面。

"通过曲面网格"命令是通过两簇相互交叉的定义线串(点、曲线、边),创建曲面特征,曲面将通过这些定义线串。首先选取主线串,再选择交叉线串,选取时要注意操作提示,使显示的方向一致。单击"通过曲面网格"图标🛋️,按图 4.1.2 和图 4.1.3 所示设置。

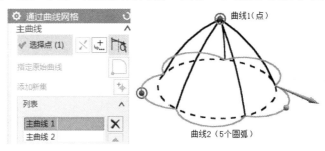

图 4.1.2　选择主曲线

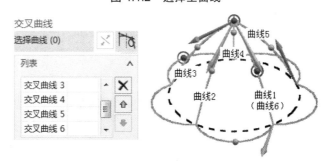

图 4.1.3　选择交叉曲线

①选择网格曲面功能命令;②选择主线串,依次选择主截面方向的截面线,全部选择完成后再单击鼠标中键确定或直接单击交叉线串选项;③选择交叉线串,依次选择交叉方向的截面线,每一组选择完成时单击鼠标中键,全部选择完成后单击鼠标中键;④在设置对话框中指定参数;确定。

提示:①当选择完主线串时,要注意每一个线串上显示的方向,所有的方向要保持一致且开始点也要一致,这样生成的曲面才不会扭曲变形;②选择交叉线串时,要从主线串的起始方向处开始选择，且要沿方向选择；③通过设置体类型来选择是生成曲面还是生成实体，参照图 4.1.4 进行设置。

　　经过上述操作后如果没有生成曲面，也许是因为公差值过小，参照图 4.1.5 进行设置。

图 4.1.4　设置体类型

图 4.1.5　设置公差

资料 4-1　曲面特征

4.2　项目：曲面网格(二)

学习目标

　　通过本项目的学习，使读者能熟练掌握曲面网格等命令的使用方法，掌握三维建模技巧。曲面网格建模示例(2)如图 4.2.1 所示。

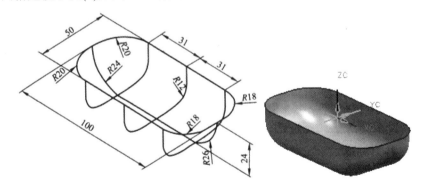

图 4.2.1　曲面网格建模示例(2)

学习要点

　　掌握 UG 曲面网格等命令的高级应用技巧。

绘图思路

按提示绘出曲线，再通过曲面网格命令作出曲面。

操作步骤

(1) 启动 UG，新建部件文件 T4.2，选择"应用"菜单中的"建模..."命令，进入设计模块。

(2) 绘制草图，以 XOY 基准平面创建草图并绘出图形，如图 4.2.2 所示。

提示：此处作出几条虚线，并作适当修剪，目的是在后面作其他曲线时，能够得到正确的约束关系。

(3) 绘制草图，以 XOZ 基准平面创建草图并绘出图形，如图 4.2.3 所示。

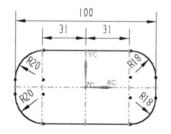

图 4.2.2　在 XOY 基准平面创建草图

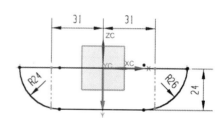

图 4.2.3　在 XOZ 基准平面创建草图

(4) 绘制草图，以 YOZ 基准平面创建草图，绘出图形，如图 4.2.4 所示。

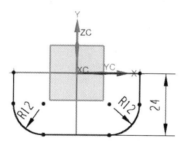

图 4.2.4　在 YOZ 基准平面创建草图

(5) 创建基准平面，创建与 YOZ 基准平面两侧各等距 31 的两个基准平面，如图 4.2.5 所示。

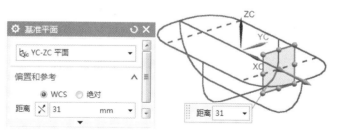

图 4.2.5　创建两个基准平面

（6）绘制草图，分别在上面制作好的两个等距平面上绘出草图。注意点重合和点在线上的约束的使用，如图 4.2.6 所示。

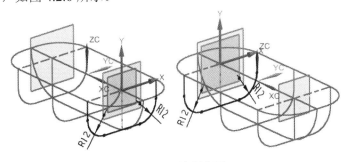

图 4.2.6　绘制草图

（7）通过曲线网格命令创建曲面，如图 4.2.7 和图 4.2.8 所示。

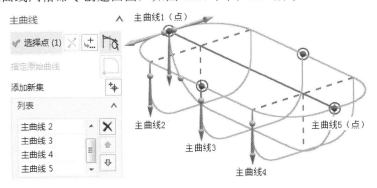

图 4.2.7　创建曲线网格——主曲线选择

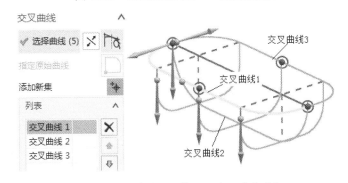

图 4.2.8　创建曲线网格——交叉曲线选择

资料 4-2　草图点的约束及线串的选择

4.3 项目：曲面扫描(一)

学习目标

通过本项目的学习，使读者能熟练掌握扫描曲面、创建基准平面的操作过程，掌握三维建模的基本构图技巧。曲面扫描建模示例(1)如图 4.3.1 所示。

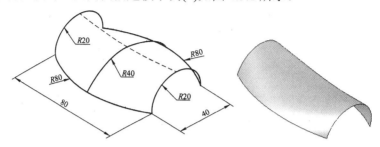

图 4.3.1 曲面扫描建模示例(1)

学习要点

应用扫描曲面、创建基准平面等命令完成曲面造型。

绘图思路

本例应用曲面扫描进行零件造型。首先在"XOY 基准面"上创建"草图"，绘出 R80 的两个圆弧图形；其次在"YOZ 基准面"上创建"草图"，绘出 R40 的图形；再次在 YOZ 平面两侧创建两个与其等距 40 的平面，并在其上绘制 R20 的草图圆弧；最后以两个 R80 的圆弧作为引导线，以 R40 和两个 R20 的草图圆弧作为截面线，进行曲面扫描，完成造型。

操作步骤

(1) 启动 UG 新建部件文件 T4.3，选择"应用"菜单中的"建模..."命令，进入设计模块。

(2) 绘制草图。①在"XOY 基准面"上创建"草图"，绘出 R80 的两个圆弧图形；②在"YOZ 基准面"上创建"草图"，绘出 R40 的图形，如图 4.3.2 所示。

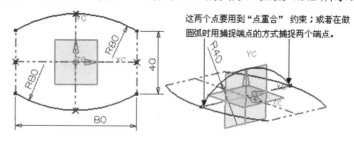

图 4.3.2 创建两个草图

(3) 创建基准平面。选择 YOZ 平面，在"偏置"框中分别输入 40(-40)，得到两个平面，如图 4.3.3 所示。

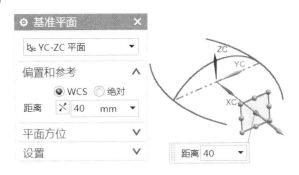

图 4.3.3　创建基准平面

（4）在这两个平面上分别绘制草图，如图 4.3.4 所示。

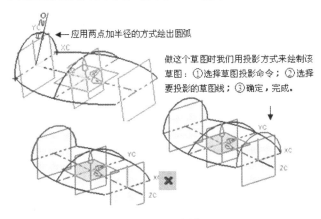

图 4.3.4　绘制草图

（5）扫描，应用"扫描"命令，在"扫掠"对话框中选择"曲线"，然后根据提示选择引导线串和截面线串，再确定下去，就可以完成扫描曲面的创建。这里要注意：在"插值方法"选项中选择"三次"，对于其他选项，只要"确定"就可以了，如图 4.3.5 所示。

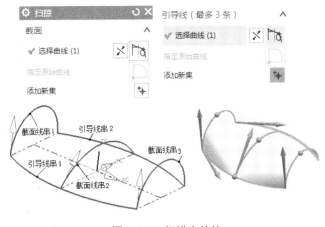

图 4.3.5　扫描出片体

资料 4-3
扫掠命令

提示：截面线分别选择上面的三条圆弧；引导线分别选择下面的两条圆弧。

4.4 项目：扫描面(二)

学习目标

通过本项目的学习，使读者能熟练掌握扫描曲面、创建基准平面的操作过程，掌握三维建模的基本构图技巧。曲面扫描建模示例如图4.4.1所示。

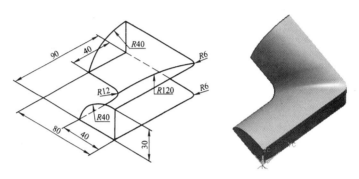

图4.4.1 曲面扫描建模示例

学习要点

学习UG扫描曲面、创建基准平面命令的使用方法。

绘图思路

首先，在"XOY基准面"上创建"草图"，绘出宽40的两条曲线；其次，在"XOZ基准面"上创建"草图"，绘出R40的图形；再次，在与YOZ平面等距80的平面上绘制R40的草图圆弧及直线；最后，作R120处的基准平面并完成R120的草图，扫描完成曲面造型。

操作步骤

(1) 启动UG，新建部件文件T4.4，选择"应用"菜单中的"建模…"命令，进入设计模块。

(2) 创建草图。在"XOY基准面"上创建"草图"图形；在"XOZ基准面"上创建"草图"，绘出R40的图形，如图4.4.2所示。

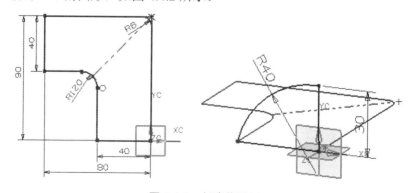

图4.4.2 创建草图(1)

(3) 创建平面并绘制草图，如图 4.4.3 所示。同理，绘出另一端面的草图。

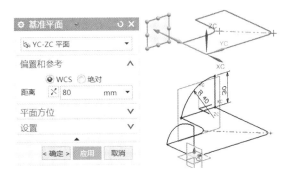

图 4.4.3　创建草图(2)

(4) 作出空间曲线，Z30。再创建基准平面并绘草图，如图 4.4.4 所示。

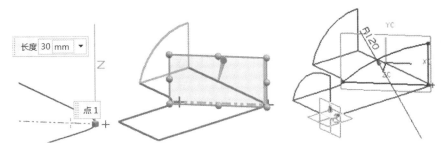

图 4.4.4　创建曲线及草图

(5) 创建平面并绘草图，如图 4.4.5 所示。

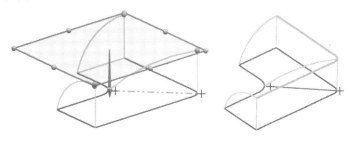

图 4.4.5　创建平面并绘草图

(6) 扫描完成曲面造型，如图 4.4.6 所示。

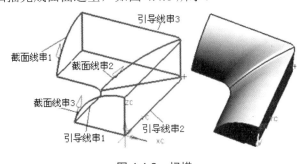

图 4.4.6　扫描

资料 4-4
样式扫掠

4.5 项目：裁剪体

学习目标

通过本项目的学习，使读者能熟练掌握网格曲面、裁剪体等命令的操作过程，掌握三维建模的基本构图技巧。裁剪体建模示例如图 4.5.1 所示。

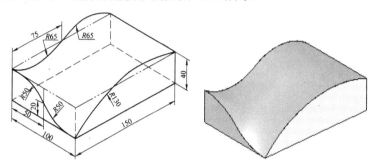

图 4.5.1 裁剪体建模示例

学习要点

学习使用网格曲面、裁剪体等命令完成造型。

绘图思路

本例应用"裁剪体"命令，用曲面修剪长方体。首先用"长方体"命令作出长方体；其次用"网格曲面"作出曲面；最后用"裁剪体"来完成对长方体的修剪。

操作步骤

(1) 启动 UG，新建部件文件 T4.5，选择"应用"菜单中的"建模..."命令，进入设计模块。

(2) 创建长方体，尺寸为 100×150×60，如图 4.5.2 所示。

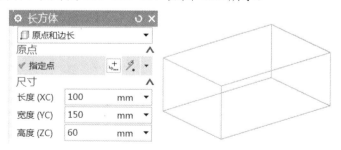

图 4.5.2 创建长方体

提示：将长方体高度先设置为一个大的数值，以便将下面要生成的曲面包含在实体内。

(3) 在长方体前、后面及左侧面创建草图，在右侧面连接直线，如图 4.5.3 所示。

(4) 通过艺术曲面命令，生成曲面，如图 4.5.4 所示。

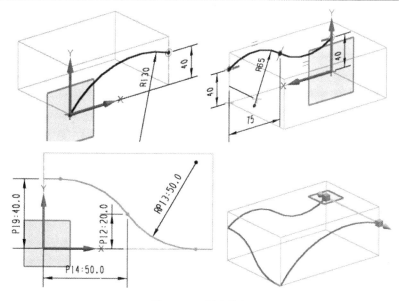

图 4.5.3　创建草图

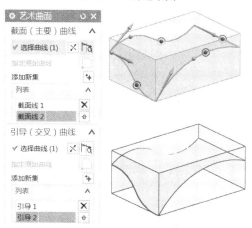

图 4.5.4　生成艺术曲面

(5)　修剪体。

修剪体的绘制步骤：选择目标实体、选择裁剪曲面，确定完成，如图 4.5.5 所示。

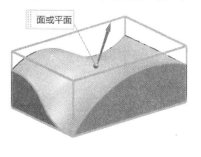

图 4.5.5　修剪体

资料 4-5
修剪体

4.6 项目：直纹面

学习目标

通过本项目的学习，使读者能够熟练掌握直纹面、绕点变换等命令的使用方法，掌握三维建模的基本构图技巧。直纹面建模示例如图4.6.1所示。

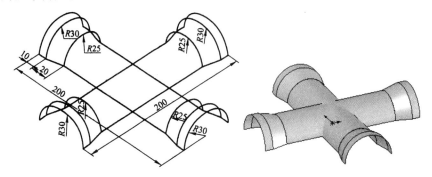

图4.6.1 直纹面建模示例

学习要点

学习UG长方体、圆锥体、球体、布尔运算等命令的正确使用。

绘图思路

首先用"直纹"作出1/4曲面，再用"变换/绕点旋转"作出另外三个曲面，完成造型。

操作步骤

(1) 启动UG，新建部件文件T4.6，选择"应用"菜单中的"建模..."命令，进入设计模块。

(2) 在XOY平面创建草图，如图4.6.2所示。

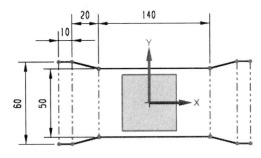

图4.6.2 创建草图曲线及基准平面

(3) 在空间绘制两条圆弧曲线。在绘制过程中注意绘图平面的选择，可以在绘图对话框内直接创建绘图平面，也可以先作出基准平面再选择，绘制结果如图4.6.3所示。再应用"移动对象"命令，将这两条圆弧进行复制并移动。

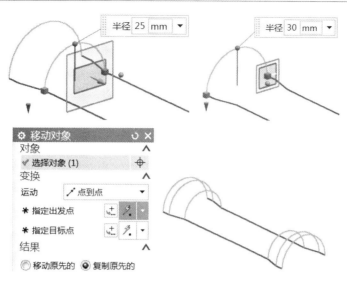

图 4.6.3　绘制圆弧曲线

(4)　创建直纹曲面。依次应用"直纹"命令，创建直纹曲面，如图 4.6.4 所示。

(5)　变换复制曲面。①在"编辑"菜单中选择"变换"命令；②选择曲面；③选择"绕一点旋转"；④指定基点；⑤确定旋转角度；⑥单击"复制"按钮三次，完成全部造型，如图 4.6.5 所示。

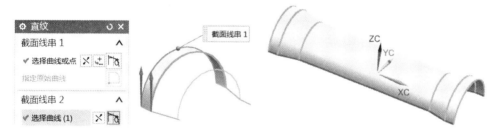

图 4.6.4　创建直纹曲面

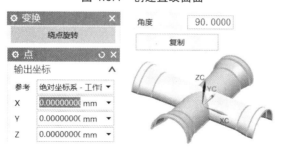

图 4.6.5　变换复制曲面

(6)　修剪曲面。在选择区域框内选择"放弃"命令，这样就可以在选择目标片体(即要修剪的曲面)时，直接在不需要保留的片体上单击，然后再选择修剪边界，即另一个成 90° 角的曲面，如图 4.6.6 所示。

图 4.6.6 修剪曲面

资料 4-6 直纹面

4.7 项目：通过曲线组(风扇叶片)

学习目标

通过本项目的学习，使读者能熟练掌握偏置曲面、通过曲线组、实体加厚、旋转阵列等命令的使用方法，掌握三维建模的基本构图技巧。风扇叶片范例如图 4.7.1 所示，具体的尺寸见操作图示。

学习要点

偏置曲面、通过曲线组、实体加厚。

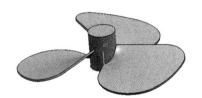

图 4.7.1 风扇叶片范例

绘图思路

首先绘出圆柱体，用偏置曲面命令生成偏置；其次在 YOZ 平面上绘出草图，用投影曲线生成投影线，应用通过曲线组命令生成曲面；再次用曲面加厚命令生成实体；最后通过旋转阵列完成造型。

操作步骤

(1) 启动 UG，新建部件文件 T4.7，选择"应用"菜单中的"建模…"命令，进入设计模块。

(2) 创建圆柱体并偏置曲面。①创建直径 30，高度 40 的圆柱体；②应用偏置曲面功能生成距圆柱表面 80 的偏置面，如图 4.7.2 所示。

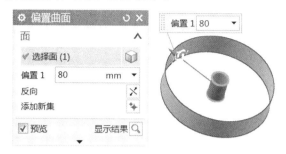

图 4.7.2　创建圆柱体并偏置曲面

(3) 创建草图。在 YOZ 平面上绘制草图，如图 4.7.3 所示。

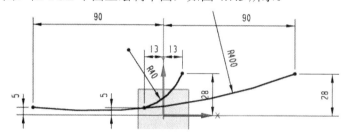

图 4.7.3　在 YOZ 平面上绘制草图

(4) 投影曲线。应用"投影曲线"命令在偏置面上和圆柱面上分别生成大圆弧和小圆弧曲线。投影对象选择要投影的曲线；投影方向选择 XC 正向，其他为系统默认，如图 4.7.4 所示。

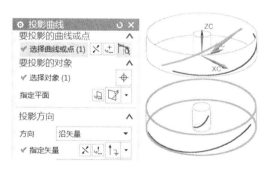

图 4.7.4　投影曲线

(5) 编辑曲线长度。隐藏圆柱体及偏置曲面；应用"曲线长度"命令来修改投影曲线的长度，如图 4.7.5 所示。

(6) 创建曲面、加厚曲面。①通过曲线组生成曲面；②应用片体加厚两侧对称的方式生成实体，如图 4.7.6 所示。

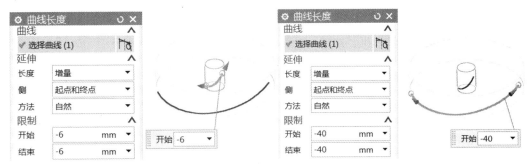

图 4.7.5　编辑曲线长度

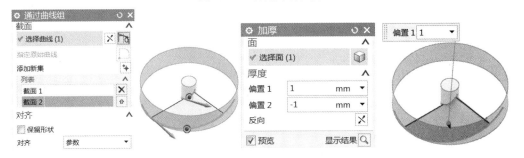

图 4.7.6　创建曲面、加厚曲面

(7)　求和(并)。通过布尔"合并"求和的方式，使圆柱体和加厚的实体合并成一个实体。如果出现如图 4.7.7 所示的情况，说明这两个实体没有相交的部分，还是两个分隔开的实体，无法组合成一个实体。此时要将加厚的实体延长。

图 4.7.7　合并错误提示

(8)　偏置实体面、求和(并)。应用"特征操作/偏置面"功能延长实体面，如图 4.7.8 所示。通过求和(并)的方式使圆柱体和加厚的实体合成一个实体。

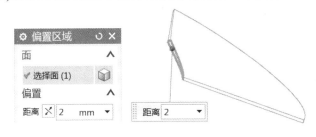

图 4.7.8　偏置区域

(9) 倒圆角。按图示的数值及方位对叶片倒圆角，如图 4.7.9 所示。

图 4.7.9　倒圆角

(10) 复制叶片。应用"特征引用"中的环形阵列，复制出另两个叶片，如图 4.7.10 所示。

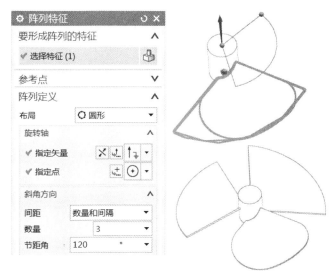

图 4.7.10　环形阵列复制叶片

资料 4-7　曲面操作及投影曲线

4.8　项目：通过曲线组(饮料罐)

学习目标

通过本项目的学习，使读者能熟练掌握直纹面、通过曲线组、沿引导线扫描、抽壳、裁剪体等命令的使用方法，掌握三维建模的基本构图技巧。饮料罐建模示例如图 4.8.1 所示。

图 4.8.1 饮料罐建模示例

学习要点

学习应用直纹面、通过曲线组、沿引导线扫描、裁剪体等命令的方法。

绘图思路

依次绘出各组曲线，应用通过直纹面、曲线组命令完成罐体造型；然后通过沿引导线扫描、裁剪体命令完成罐柄的制作。

操作步骤

(1) 启动 UG，新建部件文件 T4.8，选择"应用"菜单中的"建模..."命令，进入建模模块。

(2) 制作第一个截面线。在 XOY 平面内制作第一组截面线，并使用"编辑曲线"命令，将草图曲线在小圆弧的中间位置(X 轴方向)打断，如图 4.8.2 所示。注意：后面所作的草图都在这一位置打断，即打断方向一致，不然以后在作曲面时可能产生扭曲。

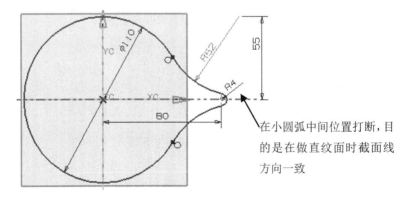

在小圆弧中间位置打断，目的是在做直纹面时截面线方向一致

图 4.8.2 在 XOY 平面作草图

(3) 制作其他草图。

按照图 4.8.3 所示，作出其他 5 个草图，并在 X 方向打断。这些圆也可以在空间作出来，再应用"分割曲线"命令将其在 X 轴方向分割开。这样在作直纹面时截面线的起始点一致。

（4）用直纹面制作罐口曲面。

应用直纹面命令，在曲线规则框内选择"相切曲线"，在小圆弧打断处选择第一组截面线，按中键后，再在 $\phi 75$ 圆弧打断处选择圆弧，作为第二组截面线。注意箭头方向，否则重新选择，对齐方式选择"弧长"，如图 4.8.4 所示。

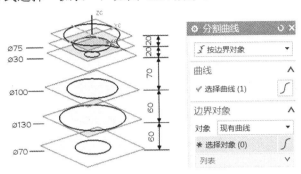

图 4.8.3　创建不同层间距的圆

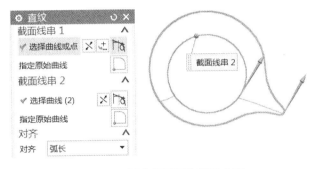

图 4.8.4　用直纹面制作罐口曲面

（5）通过"曲线组"命令制作罐身曲面。

将起始连续性改为 G1，单击曲面图标并选择罐口曲面，这样形成的曲面将与原曲面相切，对齐方式选择"弧长"，如图 4.8.5 所示。

（6）求和、抽壳。应用"求和"命令将上面完成的两部分实体合并成一个实体；应用"抽壳"命令完成实体抽壳，如图 4.8.6 所示。

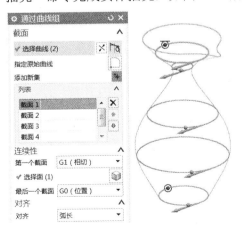

图 4.8.5　应用"曲线组"命令制作罐身曲面

图 4.8.6　抽壳

提示：改变抽壳方向为向外，将上表面作为移除表面，输入厚度值，确定完成抽壳。

(7) 制作罐柄。

罐柄的绘制步骤如下。

① 在 XOY 平面作草图，如图 4.8.7 所示。

② 创建垂直于草图线的基准平面：就用"在曲线上的位置"选项，将位置改为 0，确定完成，如图 4.8.8 所示。

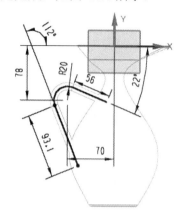

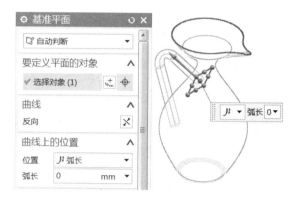

图 4.8.7 在 XOY 平面作草图　　图 4.8.8 创建垂直草图线的基准平面

③ 隐藏罐体后，在新建基准平面上绘出椭圆草图，如图 4.8.9 所示。

④ 应用"沿引导线扫描"命令完成罐柄的扫描造型，选择完成截面线串和引导线串后，确定完成扫描造型，如图 4.8.10 所示。

提示：此处，应用"创建"方式生成罐柄，等修剪结束之后，再应用求和方式将罐柄与罐体合并成一个实体。

⑤ 应用裁剪体命令完成罐柄多出部分的修剪，如图 4.8.11 所示。

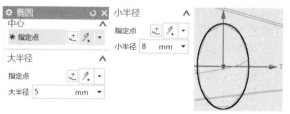

图 4.8.9 绘出椭圆草图

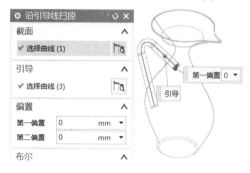

图 4.8.10 沿引导线扫掠

图 4.8.11 修剪罐柄多出部分

修剪时的注意事项：由于在作扫描路径时，曲线部分超过罐体内表面，因此要将这些多余的部分剪除掉。修剪时，将"选择意图"改为"相切面"并选择罐体内部曲面；如果预览没有出现修剪结果，可单击"反向"按钮。

(8) 求和。将所有实体应用"求和"命令，使其成为一个实体。

(9) 截面观察。创建截面视图，以便观察内容结构。①选择"视图"菜单中的"操作/截面"，打开对话框；②选择截面类型，本例选择"一个截面"；③改变"方向"，可以改变截面视图方向；④完成，如图 4.8.12 所示。

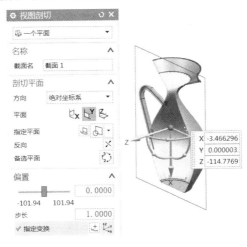

图 4.8.12　截面观察

资料 4-8　通过曲线组、沿引导线扫掠

4.9　项目：曲面缝合、N 边面(一)

学习目标

通过本项目的学习，使读者能熟练掌握直纹面、网格曲面、N 边面、曲面缝合等命令的使用方法，掌握三维建模的基本构图技巧。曲面缝合建模示例(1)如图 4.9.1 所示。

学习要点

学习掌握直纹面、网格曲面、N 边面、曲面缝合的使用方法。

绘图思路

在长方体上建立草图曲线以及空间曲线，再综合应用各种曲面工具如直纹面、网格曲面、N 边面、曲面缝合等命令完成造型。

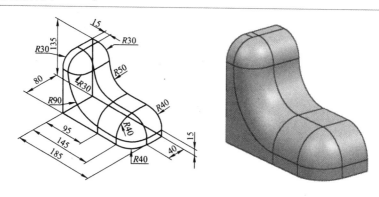

图 4.9.1　曲面缝合建模示例(1)

操作步骤

(1) 启动 UG，新建部件文件 T4.9，选择"应用"菜单中的"建模..."命令，进入设计模块。

(2) 绘制草图。①建立长方体 185×80×135 模型；②依托长方体创建基准平面，并绘制草图(各基准面及草图，创建过程略)，如图 4.9.2 所示。

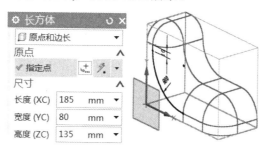

图 4.9.2　绘制草图

(3) 创建艺术曲面。

单击"艺术曲面"命令，在曲线规则框内，选择"相切曲线"，并将"在交相处停止"选项打开，这样在选择曲线的时候可以选择到想要的曲线。另外，在选择曲线时要注意在曲线同侧选择并注意箭头方向，如图 4.9.3 所示。同理，创建图 4.9.4 所示的其他艺术曲面。

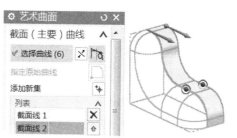

图 4.9.3　创建直纹曲面

图 4.9.4　创建其他艺术曲面

(4) 创建曲线网格曲面。

通过曲线网格命令创建曲面时，主线串选择点和下圆弧；交叉曲线选择两侧圆弧。在连续性选择区，选择与相邻曲面 G1 相同的条件。另外，还要注意方向性，如图 4.9.5 所示。

在创建网格曲面时，将曲线的连续性选择为"G1"，这是为了使所创建的曲面与已经存在的曲面具有更好的连接关系。

同理，创建其他部分的曲面。

(5) 创建填充曲面。

依次选择曲线，在连续性框内选择与相邻曲面 G1(相切)模式，如图 4.9.6 所示。

同理，在长方体底面、侧面、左侧面等面上创建填充曲面。

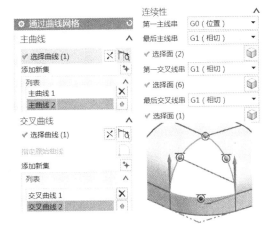

图 4.9.5 通过曲线网格曲面

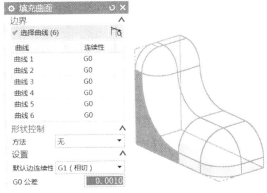

图 4.9.6 创建填充曲面

(6) 创建艺术曲面。

选择曲线时要注意在曲线同侧选择并注意箭头方向，连续性选择 G1，并选择相应曲面，如图 4.9.7 所示。

(7) 曲面缝合。

通过曲面缝合命令将所作的片体缝合成一个实体，如图 4.9.8 所示。

(8) 曲面加厚。向内加厚，如图 4.9.9 所示。

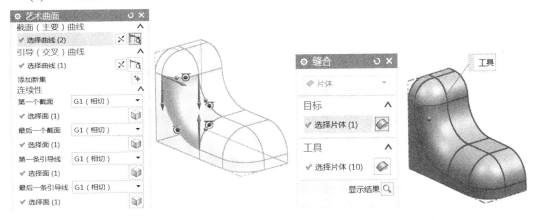

图 4.9.7 创建艺术曲面　　　　　　　　　图 4.9.8 曲面缝合

图 4.9.9　曲面加厚

4.10　项目：曲面缝合、N 边面(二)

学习目标

通过本项目的学习，使读者能熟练掌握艺术曲面、N 边面、曲面缝合、拉伸特征等基本构图方法的使用，掌握三维建模的基本构图技巧。曲面缝合建模示例(2)如图 4.10.1 所示。

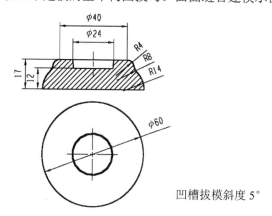

凹槽拔模斜度 5°

图 4.10.1　曲面缝合建模示例(2)

学习要点

学习使用曲面扫描、N 边面、曲面缝合、拉伸特征等命令完成曲面建模。

绘图思路

利用基本曲线建立 $\phi 60$ 和 $\phi 40$ 两个圆，再作出一个草图弧连接线，利用"扫描"作出扫描曲面，再利用"N 边面"作出上下两个平面，然后用"曲面缝合"命令完成实体造型，最后在上表面作出 $\phi 24$ 草图圆，应用"拉伸"及其"拔模角"选项完成凹槽造型。

操作步骤

(1)　启动 UG，新建部件文件 T4.10，选择"应用"菜单中的"建模…"命令，进入设计模块。

(2)　在 XOY 平面和与它相距 17mm 的平面上绘 $\phi 60$、$\phi 40$ 两个圆，如图 4.10.2 所示。

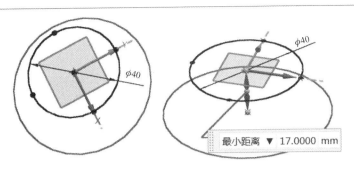

图 4.10.2　建立 ϕ60 和 ϕ40 两个圆

提示：每个草图圆都要平均分割成 4 份，分割的位置要相同，以便后续草图的绘制。

(3) 绘制草图。利用三点创建基准平面(上、下圆心点及一个圆的分割点)；在平面上作草图。注意约束 R14 圆弧中心点在底面中心与下圆分割点的连线上；R4 圆要与过顶端点作的水平线相切，如图 4.10.3 所示。同理，作出其他三条侧面曲线。

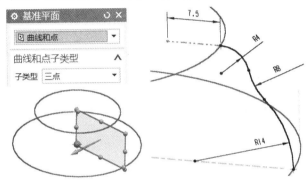

图 4.10.3　建立侧面草图

(4) 艺术曲面。应用"艺术曲面"命令作出曲面，如图 4.10.4 所示。

(5) N 边曲面。打开"N 边曲面"对话框，选择边界线，设置修剪到边界，确定完成，如图 4.10.5 所示。同理，完成下底面的曲面造型。

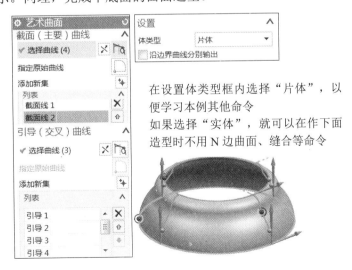

在设置体类型框内选择"片体"，以便学习本例其他命令
如果选择"实体"，就可以在作下面造型时不用 N 边曲面、缝合等命令

图 4.10.4　创建艺术曲面

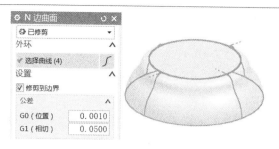

图 4.10.5　创建 N 边曲面

(6) 缝合曲面。将艺术曲面和 2 个 N 边曲面缝合成一个实体，如图 4.10.6 所示。

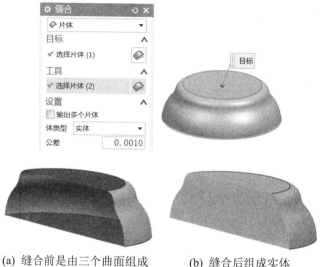

(a) 缝合前是由三个曲面组成　　　　(b) 缝合后组成实体

图 4.10.6　将曲面缝合成实体

(7) 应用拔模角拉伸。在实体顶面作出 $\phi 24$ 的草图圆，然后应用拉伸命令，在弹出的对话框中输入起始值和结束值以及拔模角度，并注意预览的结果，可以通过在角度框中输入负值来改变拔模方向。确定完成造型，如图 4.10.7 所示。

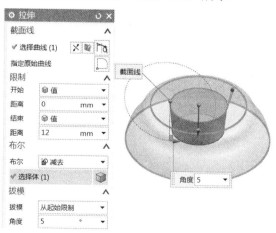

图 4.10.7　拉伸拔模

资料 4-9　N 边面、片体缝合

4.11　项目：曲线阵列、曲面网格(可乐瓶底)

学习目标

通过本项目的学习，使读者能熟练掌握动态坐标系、曲线绘制、曲线阵列、曲面网格的使用方法。可乐瓶底曲面造型示例如图 4.11.1 所示。

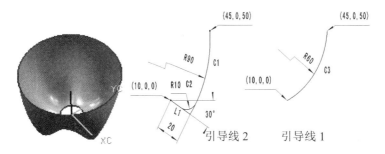

图 4.11.1　可乐瓶底曲面造型示例

引导线：2 条引导线围绕 Z 轴成 45°角，共 8 条，将圆周平分。
截面线：小圆圆心(0, 0, 0)，直径 20；大圆圆心(0, 0, 50)，直径 90。

学习要点

学习 UG NX 动态坐标系、曲线绘制、曲线阵列、曲面网格、偏置曲面等命令。

绘图思路

依次绘出各组曲线，然后应用曲面网格生成实体，再应用抽壳命令完成抽壳(也可以应用偏置曲面命令制作曲面)。

操作步骤

(1) 启动 UG，新建部件文件 T4.11，选择"应用"菜单中的"建模…"命令，进入设计模块。

(2) 创建曲线圆 $\phi 20$。应用曲线菜单中的"圆弧/圆"命令在 XOY 平面建立 $\phi 20$ 的空间曲线圆，即中心点坐标为(x0, y0, z0)，如图 4.11.2 所示。

(3) 创建曲线圆 $\phi 90$。应用曲线菜单中的"圆弧/圆"命令在距 XOY 平面 50 的平面上创建空间曲线圆，即中心点坐标为(x0, y0, z50)，如图 4.11.3 所示。

(4) 过大圆圆心作一条 XC 直线，并通过"变换"命令复制出 8 条直线，如图 4.11.4 所示。

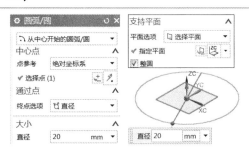

图 4.11.2 创建 ϕ20 曲线圆并 8 等分

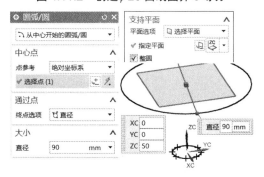

图 4.11.3 创建 ϕ90 曲线圆并 8 等分

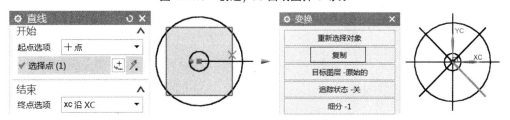

图 4.11.4 作 XC 直线并复制

(5) 分割两个圆。通过直线对象将两个圆分别分割成 8 段圆弧，具体操作及结果如图 4.11.5 所示。

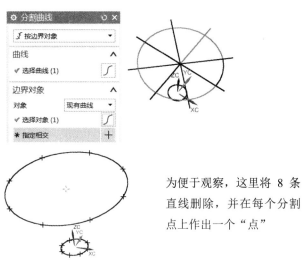

为便于观察，这里将 8 条直线删除，并在每个分割点上作出一个"点"

图 4.11.5 分割两个圆

(6) 在 XOZ 平面绘出引导线 2。用直线命令画出长 20 与 X 轴成-30°角的直线(先画出过圆心的平行 X 轴的参考线);用两点加半径的方式绘出 R90 圆弧;应用"基本曲线/倒圆角/两曲线"方式倒圆角 R10,如图 4.11.6 所示。

提示:绘制曲线时,要注意支持平面的选择或创建,以保证作图平面的正确性。

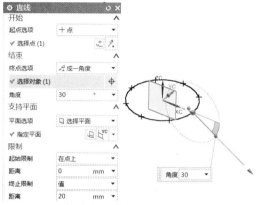

(a) 绘出与 x 轴成-30°角的直线

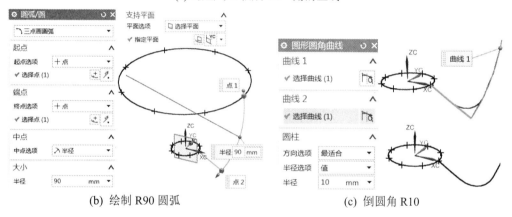

(b) 绘制 R90 圆弧　　　　　　　　　(c) 倒圆角 R10

图 4.11.6　绘出引导线 2

(7) 同上一步用两点加半径的方式绘出 R60 圆弧,如图 4.11.7 所示。

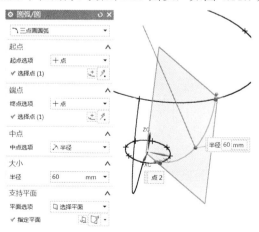

图 4.11.7　绘出引导线 1

(8) 复制引导线 1 和引导线 2。应用"变换"→"绕点旋转"命令完成对 8 条引导线的复制，如图 4.11.8 所示。

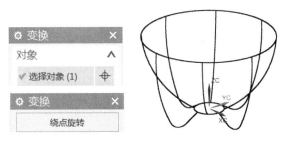

图 4.11.8 复制引导线 1 和引导线 2

(9) 创建艺术曲面，如图 4.11.9 所示。

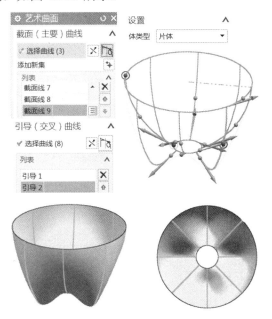

图 4.11.9 创建艺术曲面

提示：选择主线串时，在两圆同一位置选择并注意方向的控制；选择交叉线串时，要从主线串方向起点处选取并依方向顺序且首尾相连，即对第一条交叉线串要选择两次才能构成封闭曲面。

4.12 项目：网格面、缝合面和修剪实体

学习目标

通过本项目的学习，使读者能熟练掌握拉伸体、N 边曲面、曲面缝合、裁剪体的基本构图技巧。网格面、缝合面和修剪实体的建模造型示例如图 4.12.1 所示。

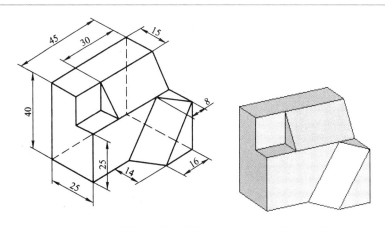

图 4.12.1　网格面、缝合面和修剪实体的建模造型示例

学习要点

拉伸体、N 边曲面、曲面缝合、裁剪体的构图技巧。

绘图思路

首先用拉伸体的方法制作基体，然后作出曲面，再用曲面裁剪实体得到最终造型。

操作步骤

(1) 启动 UG，新建部件文件 T4.12，选择"应用"菜单中的"建模..."命令，进入设计模块。

(2) 创建拉伸体，如图 4.12.2 所示。

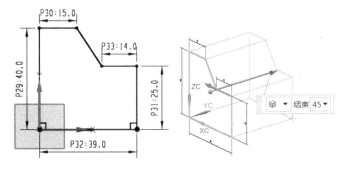

图 4.12.2　创建拉伸体

(3) 在左侧面作草图，应用"拉伸"→"减去"命令完成造型，如图 4.12.3 所示。

(4) 绘制草图及曲线。①在实体前表面绘制草图；②制作过水平尺寸 25mm 直线的基准平面，绘出草图；③在空间用直线连接其他直线，如图 4.12.4 所示。

(5) 制作曲面。用"N 边的曲面"作出两个曲面，如图 4.12.5 所示。

(6) 缝合曲面。用"缝合"命令将两个 N 边面缝合在一起，如图 4.12.6 所示。

(7) 裁剪实体，完成最终造型设计，如图 4.12.7 所示。

提示：如果曲面不能超过实体，会出现警告信息，此时应延伸曲面。

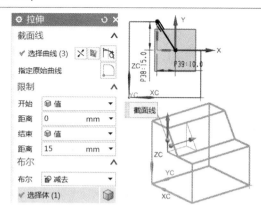

图 4.12.3　左侧三角口造型

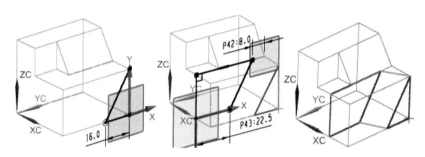

图 4.12.4　绘制草图及曲线

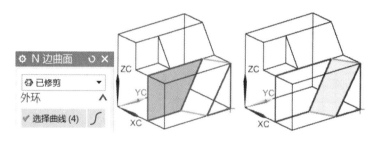

图 4.12.5　制作曲面

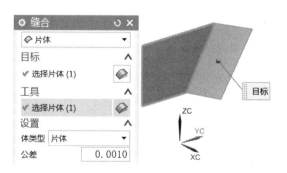

图 4.12.6　缝合并延伸曲面

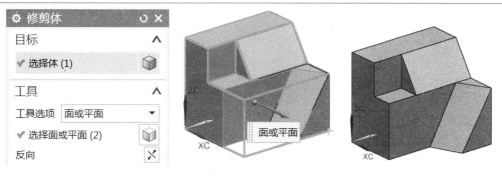

图 4.12.7　裁剪实体完成造型

4.13　项目：变半径倒圆角(鼠标)

学习目标

通过本项目的学习，使读者能熟练掌握拉伸体、沿导线扫描、曲面缝合、裁剪体、变半径倒圆角等命令的应用技巧。鼠标建模示例如图 4.13.1 所示。

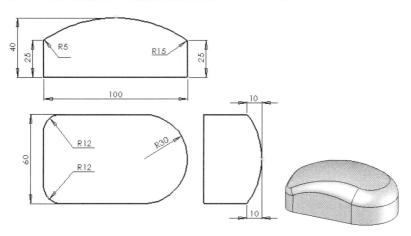

图 4.13.1　鼠标建模示例

学习要点

学习使用拉伸体、沿导线扫描、曲面缝合、裁剪体、变半径倒圆角等命令完成造型。

绘图思路

首先，在 XOY 平面生成拉伸实体；其次，在 XOZ 平面绘出扫描引导线草图，再建立距 YOZ 平面 50mm 的平面并绘出截面草图；再次，两次生成沿导线扫描曲面，再将这两个曲面缝合成一个曲面，并用它去裁剪拉伸体；最后，应用变半径倒圆角命令完成造型。

操作步骤

(1) 启动 UG，新建部件文件 T4.13，选择"应用"菜单中的"建模…"命令，进入设计模块。

(2) 创建长方体并倒圆角，如图 4.13.2 所示。

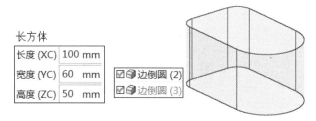

图 4.13.2　生成长方体并倒圆角

提示： 长方体的高度要超过 40，这样后面操作才可以正确地得到裁剪体。

(3) 绘制扫描草图。在 XOZ 平面绘出扫描引导线草图，再建立距 YOZ 平面 50 的平面并绘出截面草图，如图 4.13.3 所示。

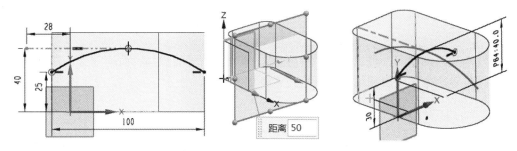

图 4.13.3　绘制扫描草图和截面草图

(4) 生成曲面。应用两次艺术曲面，再使用曲面缝合命令将这两个曲面缝合成一个曲面，如图 4.13.4 所示。

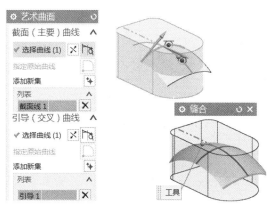

图 4.13.4　生成缝合曲面

(5) 延长曲面。因为曲面没有完全超过实体，此时直接应用裁剪体就会导致失败，必须将曲面各边延长再裁剪，如图 4.13.5 所示。

(6) 裁剪实体。应用修剪体命令将实体裁剪，并将实体外的所有图素移动到第 11 层 (隐藏)，如图 4.13.6 所示。

(7) 变半径倒圆角。①应用倒圆角命令；②在曲线规则框内选择相切曲线再选择实体边缘线；③选变半径选项；④修改圆角值；⑤确定，完成，如图 4.13.7 所示。

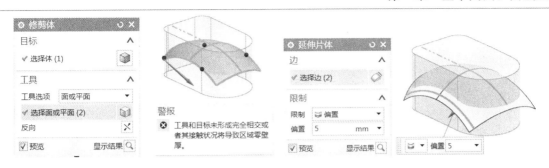

图 4.13.5　延长曲面

图 4.13.6　裁剪实体　　　　　　　图 4.13.7　变半径倒圆角

资料 4-10　可变半径、延伸曲面

4.14　项目：螺旋曲线操作(弹簧)

学习目标

通过本项目的学习，应熟练掌握螺旋曲线、投影曲线、软管、沿引导线扫描、扫描、旋转体等命令的使用方法，掌握建模的基本构图技巧。弹簧建模如图 4.14.1 所示。

平顶弹簧　四方圆柱弹簧　　　挂钩弹簧　　　圆形弹簧　　　扭钩弹簧

图 4.14.1　弹簧建模示例

学习要点

通过本项目的学习主要掌握投影曲线的应用技巧。

1. 平顶弹簧绘图

首先，绘出三条螺旋线，将三条螺旋线合并成一条曲线，再利用"软管"命令生成弹簧特征；其次，创建距 XOY 平面33和-3的两个平面；最后，用平面裁剪实体。

平顶弹簧的绘制步骤如下。

(1) 绘制螺旋线。第一条螺旋线起点为(x0, y0, z0)，螺距5mm；第二条螺旋线起点为(x0, y0, z-3)，螺距3mm；第三条螺旋线起点为(x0, y0, z30)，螺距3mm；各螺旋线旋转方向都为右手，其他设置如图4.14.2所示。

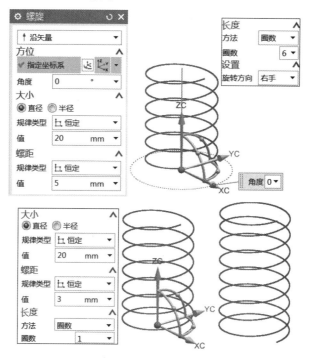

图 4.14.2　绘制三条螺旋线

(2) 光顺曲线串，将三条螺旋线合并成一条曲线，然后做管，如图4.14.3所示。

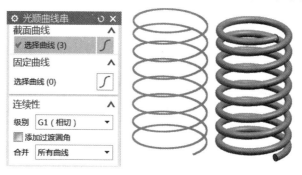

图 4.14.3　光顺曲线串并做管

如果直接一次选择三条螺旋线做管，会出现图 4.14.4(a)所示的提示对话框，提示不成功；如果分别选择三条线做管，会在连接处有明显衔接痕迹，如图 4.14.4(b)所示。

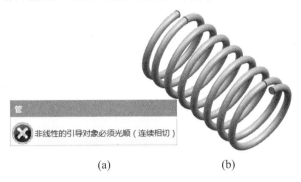

(a)　　　　　　　　　(b)

图 4.14.4　不光顺曲线的问题

(3)　生成距 XOY 平面 33 和-3 的两个平面，用平面裁剪实体，如图 4.14.5 所示。

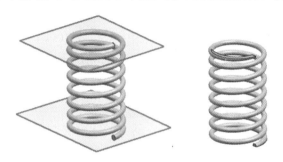

图 4.14.5　用平面裁剪实体

2. 四方圆柱弹簧绘图

首先，在 XOY 平面绘出草图，拉伸成片体；其次，绘出螺旋线，再生成投影曲线；再次，隐藏除投影线外的其他图素；最后，利用"软管"命令生成弹簧特征。

四方圆柱弹簧的绘制步骤如下。

(1)　在 XOY 平面绘出草图[中心点(x0, y0, z0)]，拉伸片体，如图 4.14.6 所示。

(2)　螺旋线直径 30、螺距 5、圈数 6、右旋，起点(x0, y0, z0)，如图 4.14.7 所示。

(3)　过草图原点作一条 ZC 直线。投影曲线：要投影的曲线，选择螺旋线；要投影的对象，选择拉伸片体；投影方向，选择 ZC 直线。投影曲线如图 4.14.8 所示。

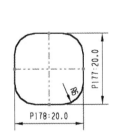

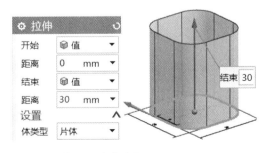

图 4.14.6　草图拉伸成片体

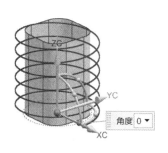

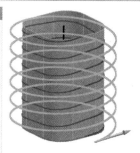

图 4.14.7　创建螺旋线　　　　　　　　　图 4.14.8　投影曲线

(4) 隐藏其他图素，利用"软管"命令生成管特征，如图 4.14.9 所示。

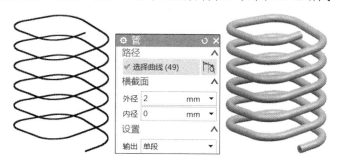

图 4.14.9　生成管特征

3. 挂钩弹簧绘图思路

首先，绘出螺旋线；其次，利用"软管"命令生成弹簧主体特征；最后，利用旋转命令生成两端挂钩。

挂钩弹簧的绘制步骤如下。

(1) 创建螺旋线，原点(x0, y0, z0)，如图 4.14.10 所示。

(2) 利用"管"命令生成弹簧实体，如图 4.14.11 所示。

(3) 利用旋转命令生成头部挂钩。旋转轴：指定矢量 XC；指定点：(x0, y0, z35.5)。生成尾部挂钩。旋转轴：指定矢量 XC；指定点：(x0, y0, z-8)。旋转生成头尾部挂钩如图 4.14.12 所示。

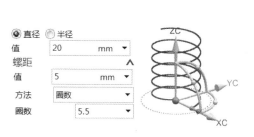

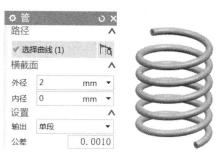

图 4.14.10　创建螺旋线　　　　　　　图 4.14.11　创建管特征

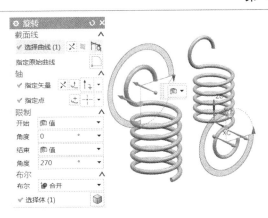

图 4.14.12　旋转生成头尾部挂钩

4. 圆形弹簧绘图思路

首先，创建一个圆，并将其打断；其次，在断点处绘出长度为 5 的直线；再次，应用扫描命令生成曲面；最后，利用"软管"命令生成特征。

圆形弹簧的绘制步骤如下。

(1) 创建草图圆，再过四分点作一条 5mm 水平直线，如图 4.14.13 所示。

(2) 扫掠生成曲面，如图 4.14.14 所示。

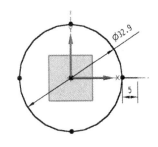

图 4.14.13　创建草图圆和直线

扫掠步骤：①选择"扫掠"命令；②选择引导线；③选择截面线；④在截面位置处勾选"引导线末端"；⑤选择"角度规律"；⑥选择"线性"并输入控制角度；⑦选择"恒定比例"，确定完成。

图 4.14.14　扫掠生成曲面

(3) 选择曲面边缘，利用"管"命令生成特征，如图 4.14.15 所示。

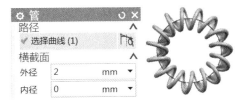

图 4.14.15　扫掠生成管特征

(4) 拓展。用上一步的方法可生成多种类似图形，如图 4.14.16 所示。

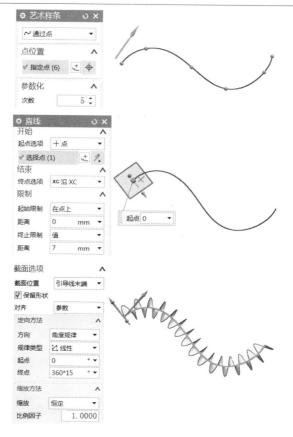

图 4.14.16　扫掠生成曲面

5. 扭钩弹簧绘图思路

首先，绘出螺旋线；其次，在 YOZ 平面作出草图；再次，利用"桥接曲线"命令桥接曲线；最后，利用"软管"命令生成特征，隐藏除实体外的其他图素。

扭钩弹簧的绘制步骤如下。

(1) 生成螺旋线，如图 4.14.17 所示。

(2) 在 YOZ 平面绘草图，草图圆在空间与螺旋线上端点相交，如图 4.14.18 所示。

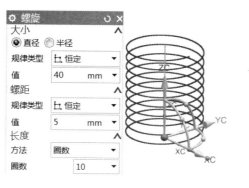

图 4.14.17　生成螺旋线

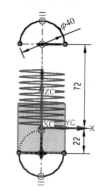

图 4.14.18　生成螺旋线

(3) 利用桥接曲线将半圆和螺旋线连接在一起，如图 4.14.19 所示。

(4) 同理，生成另一侧的桥接曲线，再利用"管"命令生成弹簧主体特征(五条曲线不用合并)，如图4.14.20所示。

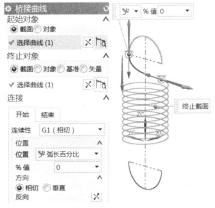

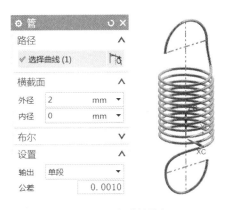

图 4.14.19　桥接曲线　　　　　　　图 4.14.20　生成管特征

资料4-11　管、螺旋线、扫描、桥接

4.15　项目：桥接曲线(8字形)

学习目标

通过本项目的学习，使读者能熟练使用桥接曲线、网格曲面等命令，掌握桥接曲线(8字形)三维建模的基本构图技巧。桥接曲线(8字形)三维建模示例如图4.15.1所示。

图 4.15.1　桥接曲线(8字形)三维建模示例

学习要点

学习使用UG NX的桥接曲线、网格曲面等命令完成曲面的造型。

绘图思路

首先创建草图，生成拉伸体，再生成桥接曲线，并通过桥接曲线创建网格曲面，重复应用桥接曲线生成网格曲面，最后再通过两次镜像曲面完成最终造型。

操作步骤

(1) 启动 UG，新建部件文件 T4.15，选择"应用"菜单中的"建模…"命令，进入设计模块。

(2) 在 XOY 平面创建草图，如图 4.15.2 所示。

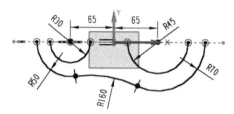

图 4.15.2　创建草图

(3) 将草图拉伸成片体，如图 4.15.3 所示。

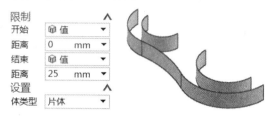

图 4.15.3　拉伸成片体

(4) 三个相邻曲面作桥接曲线，如图 4.15.4 所示。

选择要桥接的两条曲线时，选择位置要相同，否则生成的桥接曲线将发生扭转。

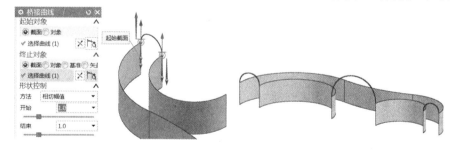

图 4.15.4　桥接曲线

(5) 生成投影曲线。①画出两条直线，位置要合适；②选择投影命令；③生成 4 条投影曲线，如图 4.15.5 所示。

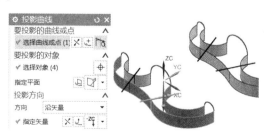

图 4.15.5　生成投影曲线

（6）对相邻的两条投影曲线作桥接曲线，如图 4.15.6 所示。

（7）把步骤(4)生成的桥接曲线生成拉伸曲面，拉伸时要指定矢量方向，即曲面要与相邻的草图曲面相切，如图 4.15.7 所示。拉伸曲面的目的，是在作下面的艺术曲面时与邻面相切。

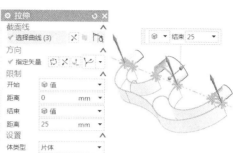

图 4.15.6　桥接曲线　　　　　　　　　图 4.15.7　生成拉伸曲面

（8）生成艺术曲面，如图 4.15.8 所示。

在选择曲线时，在选择框内指定相连曲线，并打开在"相交处停止"开关。

在"连续性"选项下选择三条边 G1(相切)模式，并指定与边相邻的曲面作为 G1 相切面。同理，生成另一侧的艺术曲面。

（9）在两个艺术曲面上分别生成等参数线，如图 4.15.9 所示。

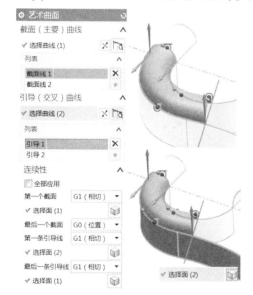

图 4.15.8　生成艺术曲面　　　　　　　图 4.15.9　生成等参数线

（10）将两条等参数线作桥接曲线，如图 4.15.10 所示。

（11）生成艺术曲面，如图 4.15.11 所示。在"连续性"选择选项下选择三条边 G1(相切)模式，并指定与边相邻的曲面作为 G1 相切面。同理，生成另一侧的艺术曲面。

（12）对拉伸曲面作等参数线，如图 4.15.12 所示。

（13）用步骤(9)和步骤(12)生成的等参数曲线分别作两条桥接曲线，如图 4.15.13 所示。

（14）分别作艺术曲面。要注意连续性 G1 曲面的选择，结果如图 4.15.14 所示。

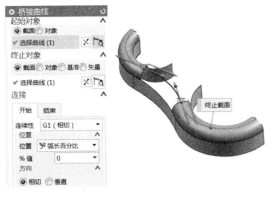

图 4.15.10　等参数线作桥接曲线

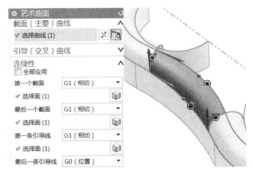

图 4.15.11　生成艺术曲面

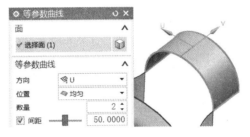

图 4.15.12　等参数线

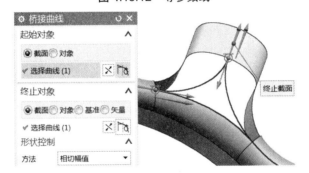

图 4.15.13　桥接曲线

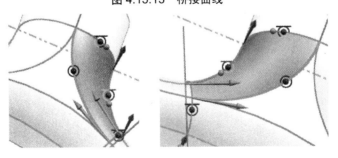

图 4.15.14　作两个艺术曲面

(15) 分别作两条直线(空间直线)，位置要适当，结果如图 4.15.15 所示。

(16) 修剪曲面，结果如图 4.15.16 所示。

(17) 再作修剪曲面。①利用"基本曲线"中的直线功能绘出直线；②利用"裁剪的片体"修剪曲面，如图 4.15.17 所示。

图 4.15.15　作两条直线　　　　　图 4.15.16　修剪曲面

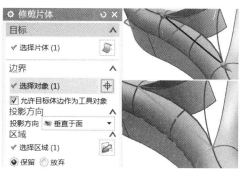

图 4.15.17　修剪曲面

(18) 生成等参数曲线并作出桥接曲线，如图 4.15.18 所示。

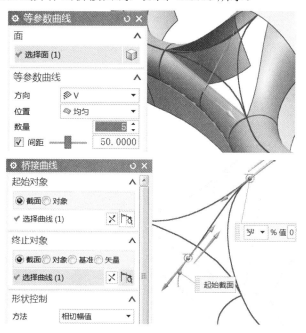

图 4.15.18　桥接曲线

(19) 艺术曲面。要注意连续性 G1 曲面的选择，结果如图 4.15.19 所示。

(20) 变换。①在"编辑"菜单中选择"变换"命令，选择曲面；②选择"通过一平面镜像"选项；③指定 XOY 平面作为镜像面；④选择"复制"。同理，选择所有曲面以

XOZ 平面作镜像面，再作一次镜像复制，得到如图 4.15.20 所示的结果。

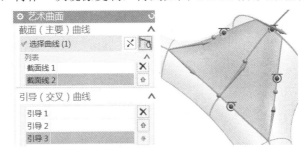

图 4.15.19　艺术曲面

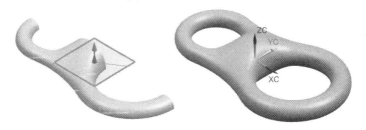

图 4.15.20　镜像复制曲面

资料 4-12　抽取曲线

4.16　项目：桥接曲面(花形灯罩)

学习目标

通过本项目的学习，使读者能熟练使用直线、通过艺术样条、曲线变换、曲线网格、桥接曲面等命令，掌握三维建模的基本构图技巧。桥接曲面(花形灯罩)建模示例如图 4.16.1 所示。

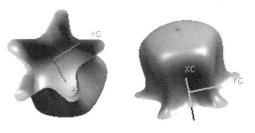

图 4.16.1　桥接曲面(花形灯罩)建模示例

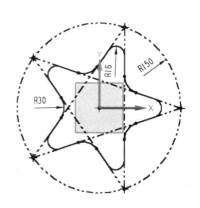

学习要点

学习 UG NX 曲线网格、桥接曲线等命令的应用。

绘图思路

依次绘出草图、直线、样条曲线，再拉伸曲面、桥接曲面，生成网格曲面，最后经变换复制完成曲面造型。

操作步骤

(1) 启动 UG，新建部件文件 T4.16，选择"应用"菜单中的"建模..."命令，进入设计模块。

(2) 绘制草图，如图 4.16.2 所示。

图 4.16.2　绘制草图

(3) 绘出两条直线，第二条直线与 XC 平行，如图 4.16.3 所示。

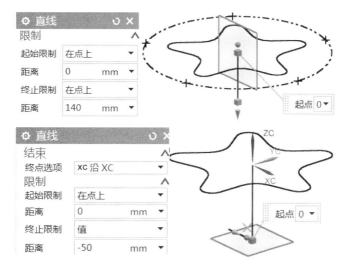

图 4.16.3　绘出两条直线

(4) 在 140 的直线上创建 5 个点，即把直线分成四份，如图 4.16.4 所示。

(5) 过第二个点和第四个点分别作出两条水平线，如图 4.16.5 所示。

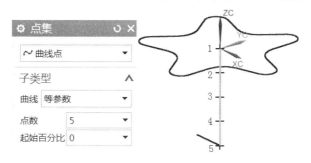

图 4.16.4　创建点集

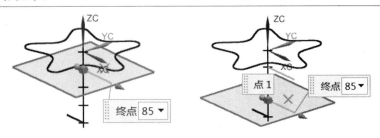

图 4.16.5   绘制两条水平线

(6) 绘制艺术样条曲线，如图 4.16.6 所示。

第一点为小圆弧中点，第二、三点为直线端点，第四点为 50mm 直线的端点，并选择 G1 相切方式。在第一点处作直线选择 G1，就可以通过直线与 X 轴的角度控制边缘形状。

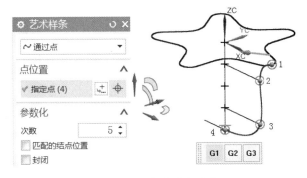

图 4.16.6   艺术样条曲线

(7) 复制样条，如图 4.16.7 所示。

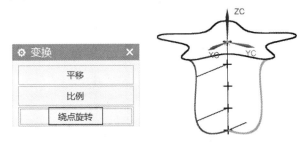

图 4.16.7   复制样条

(8) 创建点集。在每个样条线上创建 15 个点，即将样条曲线平分成 14 段，如图 4.16.8 所示。

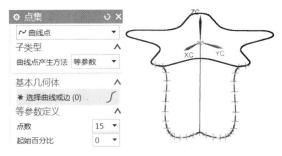

图 4.16.8   创建点集

(9) 用直线连接每个样条下数第 5 个点，如图 4.16.9 所示。

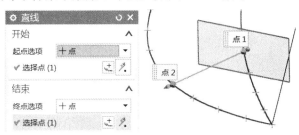

图 4.16.9　创建直线

(10) 创建拉伸曲面。拉伸距离 15mm，如图 4.16.10 所示。

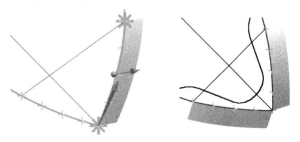

图 4.16.10　创建拉伸曲面

(11) 桥接曲面，使用"桥接"命令将这两个曲面连接成片体，如图 4.16.11 所示。

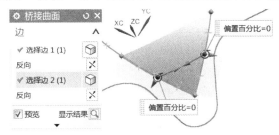

图 4.16.11　桥接曲面

(12) 创建两个拉伸曲面，如图 4.16.12 所示。

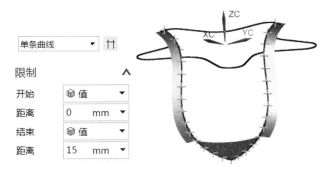

图 4.16.12　创建两个拉伸曲面

使用"拉伸"命令分别创建两个拉伸曲面。在选择样条线时，要在选择框内指定为"单条曲线"，再将"在相交处停止"开关打开。

(13) 创建艺术曲面，如图 4.16.13 所示。艺术曲面与拉伸面和桥接面 G1 相切。

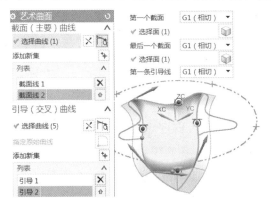

图 4.16.13　创建艺术曲面

(14) 变换复制曲面并缝合成一个曲面，如图 4.16.14 所示。

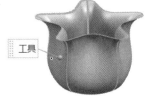

图 4.16.14　缝合成曲面

资料 4-13　桥接曲面

4.17　项目：文字造型——公章

学习目标

通过本项目的学习，使读者能够熟练掌握文本功能及抽取几何体功能，进一步掌握三维建模的基本构图技巧。公章建模示例如图 4.17.1 所示。

图 4.17.1　公章建模示例

学习要点

学习使用旋转、抽取、偏置、拉伸、文本、变换、编辑对象显示等命令。

绘图思路

旋转生成公章主体，再作出内部的文字和五角星，然后抽取上色，做出盖章效果。

操作步骤

(1)　启动 UG，新建部件文件 T4.17，选择"应用"菜单中的"建模..."命令，进入设计模块。

(2)　在 YOZ 平面绘出草图、旋转实体，如图 4.17.2 所示。

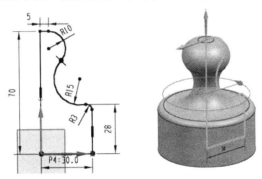

图 4.17.2　在 YOZ 平面绘出草图并生成旋转实体

(3)　偏置曲线，如图 4.17.3 所示。

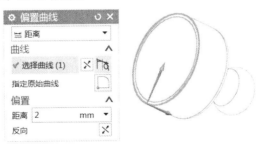

图 4.17.3　偏置曲线

(4)　创建拉伸特征，如图 4.17.4 所示。

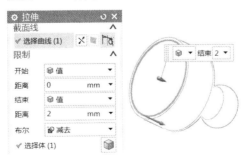

图 4.17.4　创建拉伸特征

(5) 以公章底部为草图平面，作五角星及横线草图；拉伸 2mm 成实体，如图 4.17.5 所示。

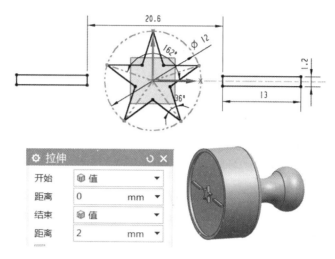

图 4.17.5　底部作草图并拉伸

(6) 创建草图圆弧、创建文字，如图 4.17.6 所示。

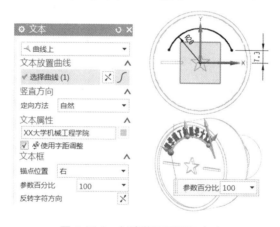

图 4.17.6　创建草图圆弧及文字

提示：通过双击箭头可以改变文字方向；通过拖动锚点来更改长度，双击以移动锚点，如图 4.17.7 所示。

(7) 拉伸文字，如图 4.17.8 所示。

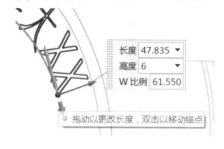

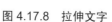

图 4.17.7　修改文字的方法　　　　图 4.17.8　拉伸文字

(8) 偏置曲面。将文字、五星等实体特征的表面偏置出来，如图 4.17.9 所示。

图 4.17.9　偏置曲面

(9) 改变颜色，做出公章效果。单击"编辑/对象显示"，把偏置的面改变为红色，如图 4.17.10 所示。

图 4.17.10　改变颜色

资料 4-14　文本

本 章 小 结

通过本章的学习，我们应掌握如下命令的使用方法。

(1) 螺旋线、规律曲线、偏置曲线。

(2) 桥接曲线、投影曲线。

(3) 组合投影、相交投影、抽取曲线。

(4) 直纹面、通过曲线、通过曲线网格。

(5) 扫描、截型体、桥接曲面。

(6) N 边面、延伸面、偏置曲面。

(7) 裁剪的片体、修剪和延伸。

必须学会综合应用这些命令完成产品的三维建模，了解建模过程与软件的应用技巧。

习　题

　　通过下面习题的练习，主要培养学生独立思考、创新思维的能力；通过综合应用螺旋线、规律曲线、偏置曲线、桥接曲线、投影曲线、组合投影、相交投影、抽取曲线等曲线的应用，以及直纹面、通过曲线、通过曲线网格、扫描、截型体、桥接曲面、N 边面、延伸面、偏置曲面、裁剪的片体、修剪和延伸曲面等命令，完成曲线、曲面的造型。

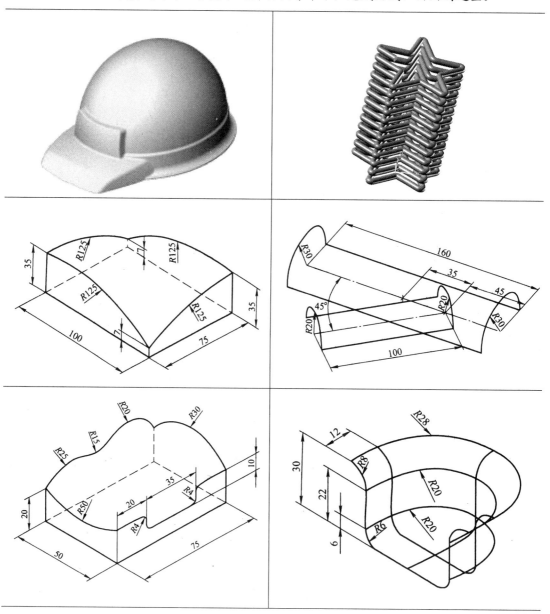

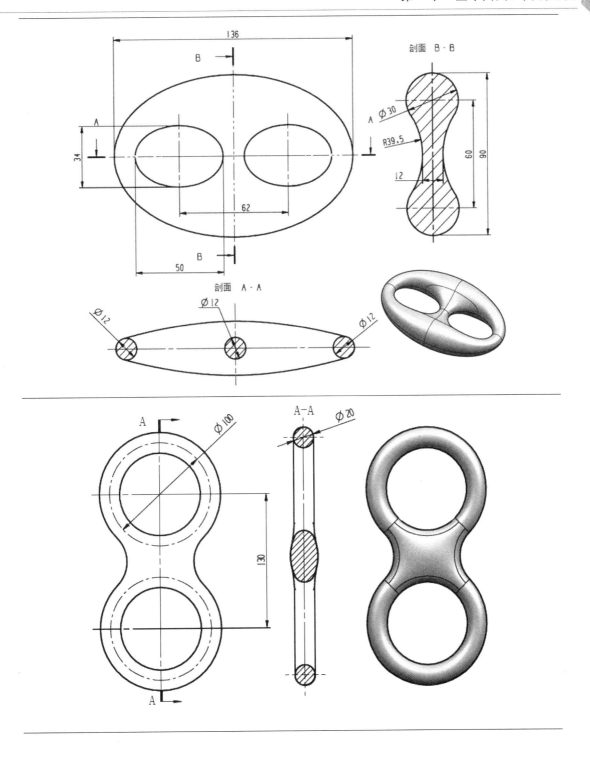

第5章 高级建模

本章要点

(1) 基本体、基准平面、布尔运算。

(2) 修剪曲面、分割体、偏置面。

(3) 倒圆角、螺纹、外壳。

(4) 实例特征、变换、缝合。

(5) 网格曲面、扫掠曲面、桥接曲面。

(6) 延伸曲面、偏置曲面、N边面。

(7) 偏置曲线、投影曲线、相交曲线。

本章主要掌握的命令有修剪曲面、分割体、偏置面、螺纹、外壳、实例特征、变换、缝合、网格曲面、扫掠曲面、桥接曲面、延伸曲面、偏置曲面、N边面、偏置曲线、投影曲线和相交曲线等，同时学习使用 UG 软件完成产品三维建模的操作步骤和应用技巧。

5.1 项目：流线槽

学习目标

通过本项目的学习，使读者能熟练掌握长方体、网格曲面、修剪体等命令的使用方法及操作过程，掌握三维建模的构图技巧。流线槽建模示例如图 5.1.1 所示。

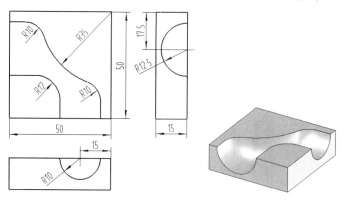

图 5.1.1 流线槽建模示例

学习要点

学习长方体、网格曲面、修剪体等命令的正确使用方法。

绘图思路

依次绘出长方体、网格曲面，再利用修剪体命令完成对长方体的修剪。

操作步骤

(1) 启动 UG，新建文件 T5.1，选择"应用"菜单中的"建模"命令，进入设计模块。

(2) 创建 50×50×15 的长方体。

(3) 创建草图。在长方体的上表面及前面和侧面创建草图，如图 5.1.2 所示。

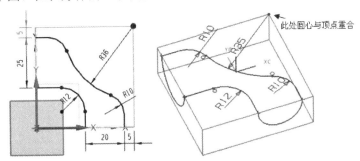

图 5.1.2　创建草图

(4) 生成网格曲面。主曲线为两侧面圆弧，交叉曲线为上表面曲线，如图 5.1.3 所示。

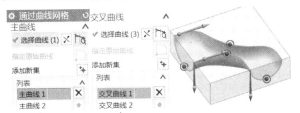

图 5.1.3　生成网格曲面

(5) 修剪实体。工具为网格曲面，目标为长方体。可以通过"反向"选项调整修剪的方向，如图 5.1.4 所示。

图 5.1.4　修剪实体

(6) 隐藏片体。通过部件导航器，隐藏片体，得到最终模型。

(7) 以上创建的曲面也可以用"扫掠"完成。截面曲线为两侧面圆弧，引导曲线为上表面曲线，如图 5.1.5 所示。

(8) 以上创建的曲面还可以通过"艺术曲面"完成。截面曲线为两侧面圆弧，交叉曲线为上表面曲线，如图 5.1.6 所示。

提示：在选择曲线的时候，要灵活应用"曲线规则"选项，合理使用曲线连接方式，如图 5.1.7 所示。

图 5.1.5　生成扫掠曲面

图 5.1.6　生成艺术曲面

图 5.1.7　曲线规则

5.2　项目：摩擦圆盘压铸模

学习目标

通过本项目的学习，使读者能熟练掌握圆柱体、球体、回转体、拉伸体、修剪体和实例特征等命令的使用方法及操作过程，掌握三维建模的构图技巧。摩擦圆盘压铸模建模示例如图 5.2.1 所示。

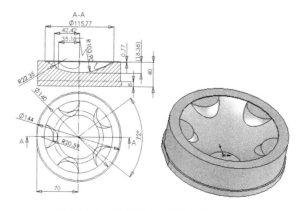

图 5.2.1　摩擦圆盘压铸模建模示例

学习要点

学习圆柱体、球体、回转体、拉伸体、修剪体和实例特征等命令的正确使用方法。

绘图思路

首先，依次绘出两个圆柱体，使用球体修剪，再利用回转体命令完成一个凸起的造型；其次，用实例特征完成其他突起的造型；最后，应用拉伸体命令完成 0.77mm 的拉伸切除。

操作步骤

(1) 启动 UG，新建文件 T5.2，选择"应用"菜单中的"建模"命令，进入建模模式。

(2) 创建两个圆柱体，并进行布尔运算选择"合并"，组成一个实体，如图 5.2.2 所示。

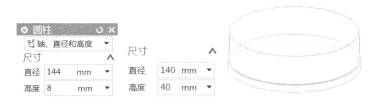

图 5.2.2　创建两个圆柱体并合并成一个实体

"圆柱"对话框中"轴"选项中的指定矢量为 ZC 轴正向；指定点为(x0, y0, z0)，即坐标原点。

(3) 修剪底座圆柱。创建基准面；修剪底座圆柱，如图 5.2.3 所示。

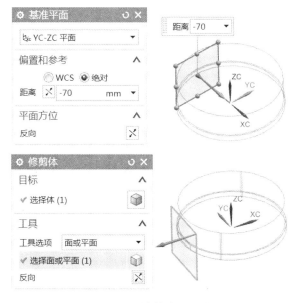

图 5.2.3　修剪底座圆柱

(4) 利用"球"命令创建凹圆，如图 5.2.4 所示。

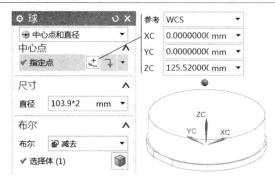

图 5.2.4 利用"球"命令创建凹圆

(5) 在 XOZ 平面建立草图，如图 5.2.5 所示。

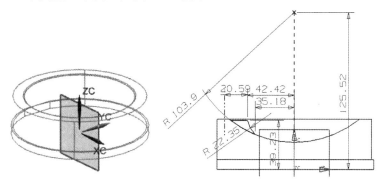

图 5.2.5 建立草图

(6) 创建回转体特征，并与先前的实体合并，如图 5.2.6 所示。

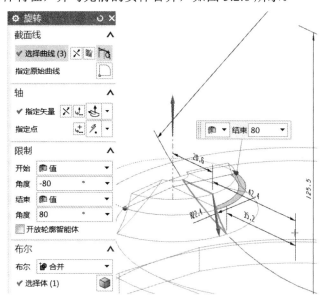

图 5.2.6 创建回转体特征

(7) 阵列特征，旋转轴矢量为 ZC 正向，指定旋转点为坐标原点，其他参数为系统默认，如图 5.2.7 所示。

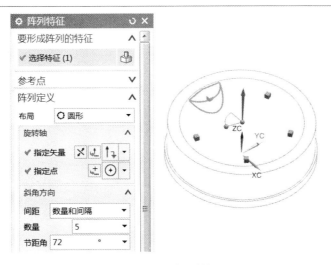

图 5.2.7 阵列特征

(8) 拉伸切除。在上表面建立 $\phi 115.77$ 的草图圆，然后向下拉伸，并作求差运算，得到本例的最终造型，如图 5.2.8 所示。

图 5.2.8 拉伸切除

注意：本例在完成"旋转"命令时，如果使用"创建"方式生成实体，就可以利用实体变换命令完成五个旋转体的阵列，然后再用"求和"命令将它们组合成一个实体。

5.3 项目：旋钮模型

学习目标

通过本项目的学习，使读者能熟练掌握拉伸体、回转体等命令的使用方法及操作过程，掌握三维建模的构图技巧。旋钮模型建模示例如图 5.3.1 所示。

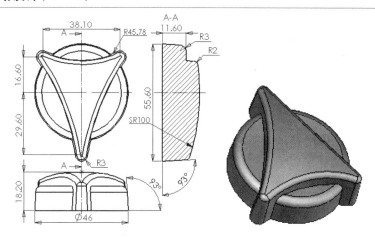

图 5.3.1　旋钮模型建模示例

学习要点

学习拉伸体、回转体等命令的正确使用方法。

绘图思路

绘出草图，依次拉伸并添加拔模角度，再应用回转体命令完成对拉伸体的修剪。

操作步骤

(1) 启动 UG，新建部件文件 T5.3，选择"应用"菜单中的"建模"命令，进入设计模块。

(2) 在 XOY 平面绘出草图，如图 5.3.2 所示。

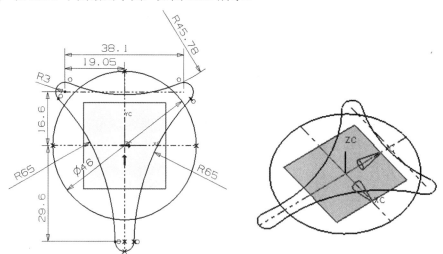

图 5.3.2　在 XOY 平面绘出草图

(3) 拉伸圆柱形体，拔模角为 3°，如图 5.3.3 所示。

(4) 拉伸三角形体，拔模角为 3°，如图 5.3.4 所示。

(5) 在 YOZ 平面绘出草图。此处 R100 的圆弧要正确绘出，其他线素可按比例自由绘出，如图 5.3.5 所示。

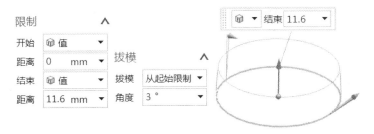

图 5.3.3　拉伸圆柱形体

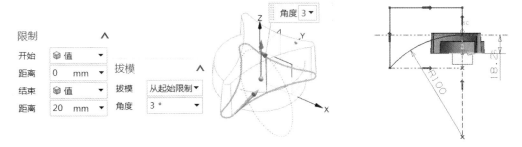

图 5.3.4　拉伸三角形体　　　　图 5.3.5　在 YOZ 平面绘出草图

(6)　旋转切除实体，如图 5.3.6 所示。

图 5.3.6　旋转切除实体

(7)　隐藏草图等图素。

(8)　绘制圆角，如图 5.3.7 所示。

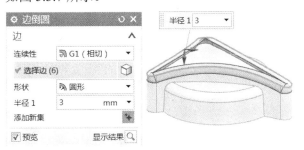

图 5.3.7　绘制圆角

提示：在第(3)步和第(4)步拉伸实体时应用了拔模角生成具有斜度的实体，也可以先拉伸直体，再用"拔模角"命令完成。

5.4　项目：异型支架

学习目标

通过本项目的学习，使读者能熟练掌握长方体、分割体、网格曲面、拔模角和修剪体等命令的使用方法及操作过程，掌握三维建模的构图技巧。异型支架建模示例如图 5.4.1 所示。

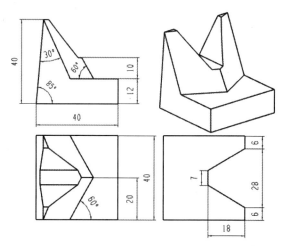

图 5.4.1　异型支架建模示例

学习要点

长方体、分割体、网格曲面、拔模角和修剪体等命令的正确使用方法。

绘图思路

依次绘出长方体、网格曲面，再利用修剪体命令完成对长方体的修剪。

操作步骤

(1)　新建部件文件 T5.4，创建长方体。原点选在系统坐标原点上，如图 5.4.2 所示。

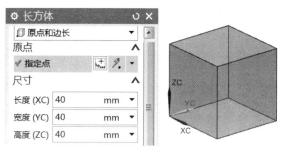

图 5.4.2　创建长方体

(2)　侧面拔模。固定面选择底面，拔模面选择侧面，如图 5.4.3 所示。

（3）创建基准平面，如图 5.4.4 所示。

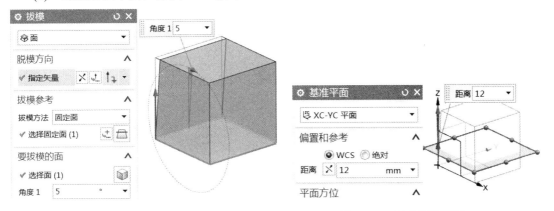

图 5.4.3　侧面拔模　　　　　　　　图 5.4.4　创建基准平面

（4）拆分实体。选择目标体；选择面或基准平面，如图 5.4.5 所示。

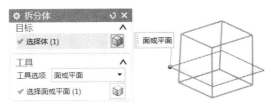

图 5.4.5　拆分实体

（5）绘制草图及曲线。分别在侧面、底面和中间面建立草图并绘出直线，再连接顶面直线，如图 5.4.6 所示。

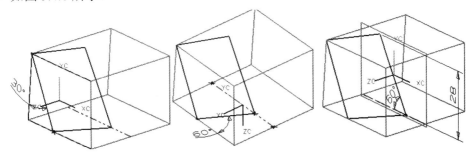

图 5.4.6　绘制草图及曲线

（6）生成艺术曲面，如图 5.4.7 所示。

图 5.4.7　生成艺术曲面

(7) 延伸曲面,如图 5.4.8 所示。

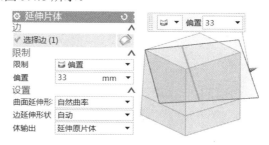

图 5.4.8　延伸曲面

(8) 修剪实体,如图 5.4.9 所示。

图 5.4.9　修剪实体

(9) 镜像修剪特征。选择部件中的特征,创建镜像平面,如图 5.4.10 所示。

(10) 在 YOZ 平面创建草图,如图 5.4.11 所示。

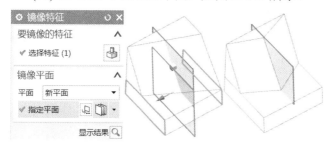

图 5.4.10　镜像修剪后的特征　　　　图 5.4.11　在 YOZ 平面创建草图

(11) 拉伸切除,如图 5.4.12 所示。

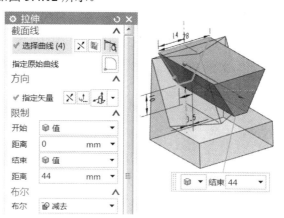

图 5.4.12　拉伸切除

(12) 求和，将上下两部分实体应用布尔运算选择"合并"。

5.5　项目：型腔模具

学习目标

通过本项目的学习，使读者能熟练掌握长方体、拉伸体、外壳、倒圆角、孔等命令的使用方法及操作过程，掌握三维建模的构图技巧。型腔模具建模示例如图 5.5.1 所示。

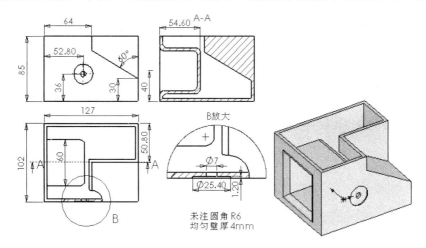

图 5.5.1　型腔模具建模示例

学习要点

学习长方体、拉伸体、外壳、倒圆角和孔等命令的正确使用方法。

绘图思路

长方体→外壳→拉伸体→外壳→倒圆角→孔。

操作步骤

(1) 启动 UG，新建部件文件 T5.5，选择"应用"菜单中的"建模"命令，进入设计模块。

(2) 创建长方体(127, 102, 85)，创建草图，拉伸切除长方体，如图 5.5.2 所示。

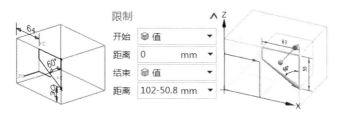

图 5.5.2　创建草图并拉伸切除长方体

(3) 抽取外壳，移除上表面，其他壁厚 4mm，如图 5.5.3 所示。

(4) 创建草图并拉伸长方体，求和，如图 5.5.4 所示。

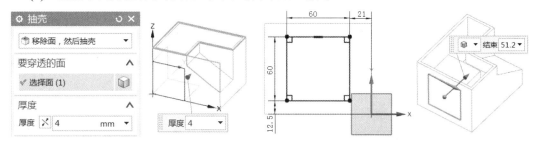

图 5.5.3　抽取外壳　　　　　图 5.5.4　创建草图并拉伸长方体

(5) 侧面抽取外壳，移除面为草图表面，如图 5.5.5 所示。

(6) 边倒圆角，使用上一步形成的实体内外各边分别倒圆角 R6，如图 5.5.6 所示。

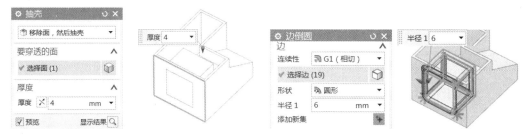

图 5.5.5　侧面抽取外壳　　　　　图 5.5.6　倒圆角

(7) 沉孔，如图 5.5.7 所示。

(8) 剖面观察，通过视图剖切命令查看模型内部特征，如图 5.5.8 所示。

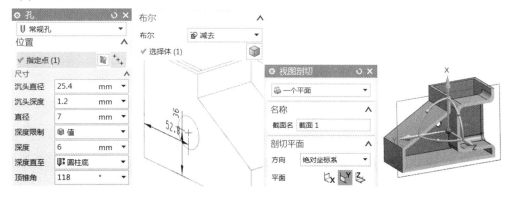

图 5.5.7　沉孔　　　　　图 5.5.8　视图剖切

5.6　项目：手轮

学习目标

通过本项目的学习，使读者能熟练掌握管道、圆柱体、沿引导线扫掠、变换、回转和求和等命令的使用方法及操作过程，掌握三维建模的构图技巧。手轮建模示例如图 5.6.1 所示。

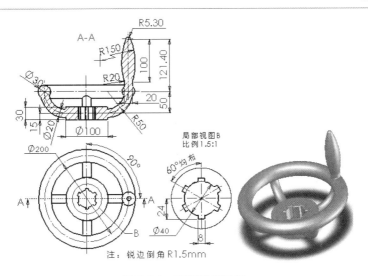

图 5.6.1　手轮建模示例

学习要点

学习管道、圆柱体、沿引导线扫掠、变换、回转和求和等命令的正确使用方法。

绘图思路

圆环→圆柱体→扫掠辐条→变换复制辐条→回转生成手柄→多实体求和。

操作步骤

(1)　启动 UG，新建部件文件 T5.6，选择"应用"菜单中的"建模"命令，进入设计模块。

(2)　创建圆环。在 XOY 平面创建草图；应用"管"命令做出圆环，如图 5.6.2 所示。

(3)　创建圆柱体，指定原点坐标为(x0, y0, z-65)，如图 5.6.3 所示。

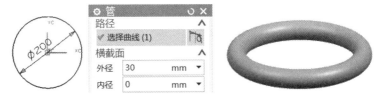

图 5.6.2　创建圆环

图 5.6.3　创建圆柱体

(4) 在圆柱体底面绘出草图，拉伸切除，得到六方键槽造型，如图 5.6.4 所示。

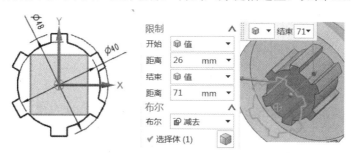

图 5.6.4　六方键槽建模

(5) 在 YOZ 平面绘出草图，注意直线不要超过六方键槽，如图 5.6.5 所示。

图 5.6.5　在 YOZ 平面绘出草图

(6) 应用"管"命令绘出圆环，如图 5.6.6 所示。

(7) 复制管特征。旋转轴原点捕捉圆柱中心，旋转轴为 ZC 正向，如图 5.6.7 所示。

图 5.6.6　创建管　　　　　　　　　　　图 5.6.7　复制管特征

(8) 在 YOZ 平面建立草图，旋转生成手柄造型，如图 5.6.8 所示。

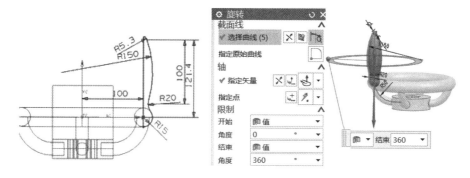

图 5.6.8　旋转生成手柄造型

(9) 将不需要的图素隐藏，并将所有实体应用布尔运算选择"合并"，完成最终造型。

5.7 项目：孔腔异型座

学习目标

通过本项目的学习，使读者能熟练掌握拉伸体、孔、网格曲面、修剪体、求差、拔模角和倒角等命令的使用方法及操作过程，掌握三维建模的构图技巧。孔腔异型座建模示例如图 5.7.1 所示。

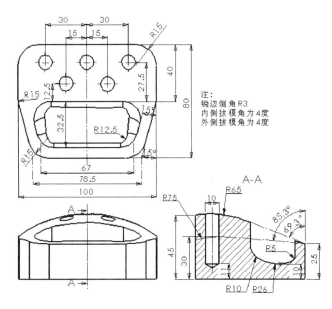

图 5.7.1 孔腔异型座建模示例

学习要点

学习拉伸体、孔、网格曲面、修剪体、求差、拔模角、倒角等命令的正确使用方法。

绘图思路

依次利用拉伸体生成基体，应用孔命令完成孔的创建，再次创建网格曲面对基体进行修剪，然后作出另一个拉伸体并修剪，最后应用求差命令完成布尔运算，并应用拔模角、倒角命令完成最终造型。

操作步骤

(1) 启动 UG，新建部件文件 T5.7，选择"应用"菜单中的"建模"命令，进入设计模块。

(2) 在 XOY 平面绘出草图并拉伸成实体，如图 5.7.2 所示。

(3) 在上表面创建孔，如图 5.7.3 所示。同理，作出其他的孔。另外，也可以应用镜像、实例特征等完成其他孔，如图 5.7.4 所示。

图 5.7.2　在 XOY 平面绘出草图并拉伸成实体

图 5.7.3　在上表面创建孔　　　　　　　图 5.7.4　阵列特征

(4)　在侧面绘出草图，如图 5.7.5 所示。

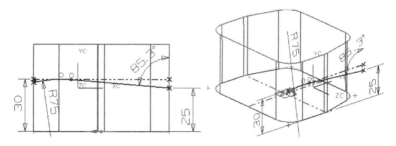

图 5.7.5　在侧面绘出草图

(5)　在后侧面及 YOZ 平面分别创建草图，如图 5.7.6 所示。

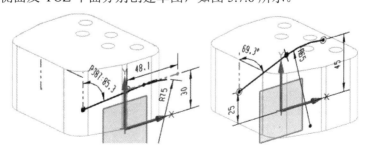

图 5.7.6　在后侧面及 YOZ 平面创建草图

(6) 创建艺术曲面，如图 5.7.7 所示。

图 5.7.7 创建艺术曲面

(7) 在实体上表面绘制草图并拉伸出实体，如图 5.7.8 所示。

在作这个拉伸实体时要用"创建"或"无"选项，并作出拔模面，完成后续操作后再与第一个实体作求差运算，得到最终模型。

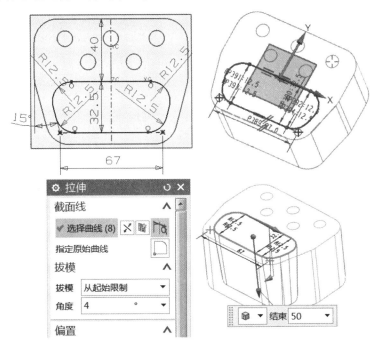

图 5.7.8 绘出草图并拉伸出实体

(8) 在 YOZ 平面创建草图，如图 5.7.9 所示。

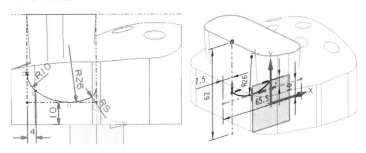

图 5.7.9 在 YOZ 平面创建草图

(9) 拉伸成面，如图 5.7.10 所示。拉伸草图曲线，应用对称方式，拉伸长度要超过第 (7)步生成的实体。

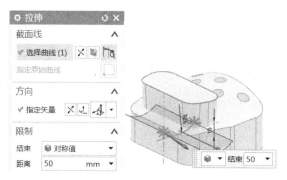

图 5.7.10　拉伸成面

(10) 修剪实体，如图 5.7.11 所示。

图 5.7.11　修剪实体

(11) 求差。应用布尔运算中的"减去"，将里面的实体去掉，如图 5.7.12 所示。

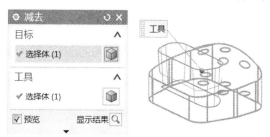

图 5.7.12　减去实体

(12) 修剪实体，如图 5.7.13 所示。

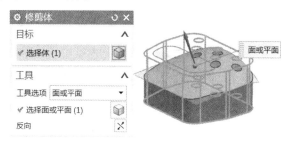

图 5.7.13　修剪实体并显示孔

(13) 外侧拔模。底面为固定面，侧面拔模为 4°，方向 ZC 正向，如图 5.7.14 所示。

(14) 锐边倒圆，如图 5.7.15 所示。

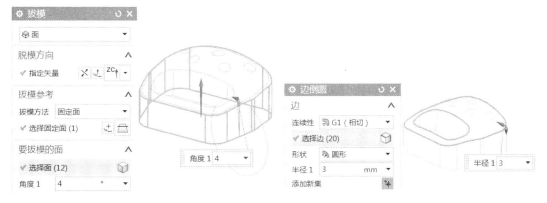

图 5.7.14　外侧拔模　　　　　　　　　　图 5.7.15　锐边倒圆

5.8　项目：限位支座

学习目标

通过本项目的学习，使读者能熟练掌握长方体、曲线组曲面、修剪体和拉伸体等命令的使用方法及操作过程，掌握三维建模的构图技巧。限位支座建模示例如图 5.8.1 所示。

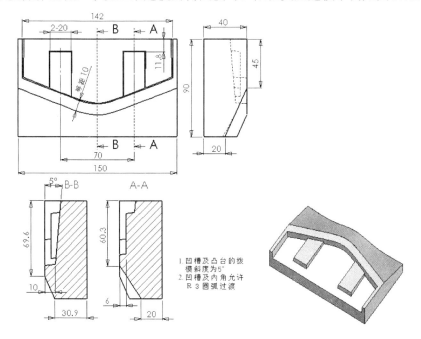

图 5.8.1　限位支座建模示例

学习要点

学习长方体、曲线组曲面、修剪体和拉伸体等命令的正确使用方法。

绘图思路

依次绘出长方体、曲线组曲面，再利用修剪体命令完成对长方体的修剪，然后利用拉伸体命令完成对内腔及凸台的拉伸。

操作步骤

(1) 启动 UG，新建部件文件 T5.8，选择"应用"菜单中的"建模"命令，进入设计模块。

(2) 创建长方体，x150，y90，z40。

(3) 在左侧、右侧及中间面上创建草图，如图 5.8.2 所示。

作左侧草图时，应用草图"投影曲线"命令完成。

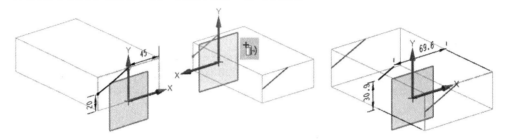

图 5.8.2　在左侧、右侧及中间面上创建草图

(4) 在距中间面左右各相距 35mm 的平面上创建草图，如图 5.8.3 所示。

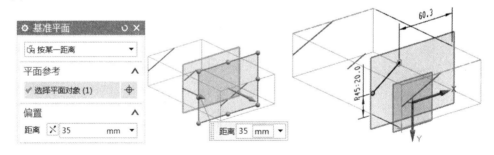

图 5.8.3　创建草图(另一侧略)

(5) 通过曲线组命令创建曲面，如图 5.8.4 所示。

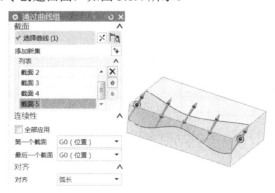

图 5.8.4　通过曲线组命令创建曲面

(6)　修剪实体，如图 5.8.5 所示。

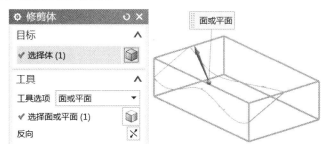

图 5.8.5　修剪实体

(7)　在实体的上表面和侧面绘出草图，如图 5.8.6 所示。

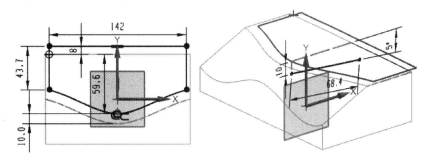

图 5.8.6　实体上表面和侧面绘出草图

在绘制上表面草图时，首先应用"偏置曲线"命令绘出等距曲线，再完成其他直线。

在绘制侧面曲线时，可以选择在中间面绘制草图，并约束左侧端点与上表面草图曲线中点为"竖直"关系，如图 5.8.7 所示。

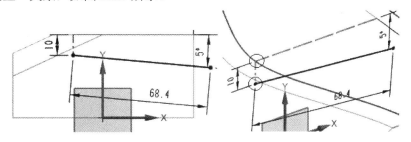

图 5.8.7　约束两个端点为"竖直"关系

(8)　拉伸直线平面，如图 5.8.8 所示。

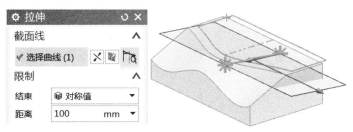

图 5.8.8　拉伸直线平面

(9) 拉伸到选定对象并拔模，如图 5.8.9 所示。

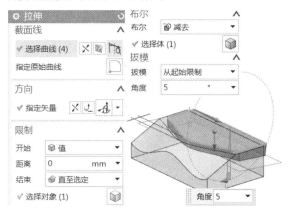

图 5.8.9 拉伸到选定对象

(10) 在实体上平面绘制草图，并确保草图下方直线超过实体平面，如图 5.8.10 所示。

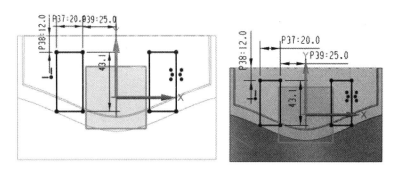

图 5.8.10 在实体上平面绘制草图

(11) 拉伸生成特征，完成造型，如图 5.8.11 所示。

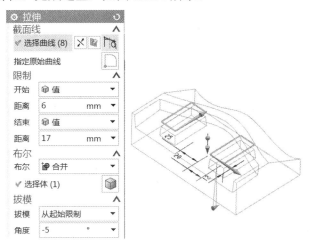

图 5.8.11 拉伸生成特征

5.9 项目：穹隆架

学习目标

通过本项目的学习，使读者能熟练掌握曲线组、拉伸实体、修剪体、偏置曲面和求差等命令的使用方法及操作过程，掌握三维建模的构图技巧。穹隆架建模示例如图 5.9.1 所示。

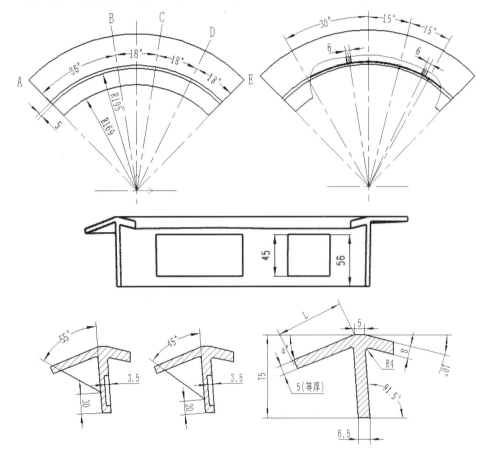

图 5.9.1　穹隆架建模示例

学习要点

学习 UG NX 曲线组、拉伸实体、修剪体、偏置曲面、求差等命令的正确使用方法。

绘图思路

依次绘出各截面草图，利用曲线组生成基体，然后再绘出两个窗口的拉伸体并用偏置面进行修剪，利用求差命令完成窗口造型，最后利用拉伸体命令完成后面两个筋的造型。

操作步骤

(1)　新建部件文件 T5.9，在 XOY 平面上绘出草图，如图 5.9.2 所示。

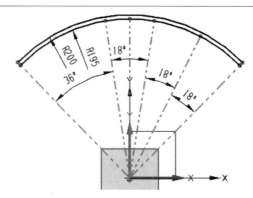

图 5.9.2　在 XOY 平面绘制草图

(2)　创建 A 剖面处的基准平面，如图 5.9.3 所示。同理，创建其他剖面的基准平面。

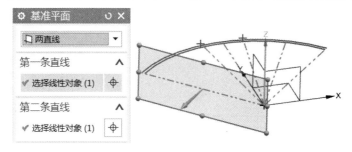

图 5.9.3　创建 A 剖面处的基准平面

(3)　绘制 A 剖面的草图，如图 5.9.4 所示。

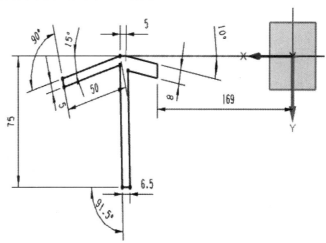

图 5.9.4　绘制 A 剖面的草图

(4)　完成各剖面草图，并通过"扫掠"命令完成造型，如图 5.9.5 所示。

(5)　在 XOY 平面绘草图并拉伸成实体，应用布尔运算选择"无"，如图 5.9.6 所示。

(6)　分别创建两个基准平面，再用平面修剪实体，如图 5.9.7 所示。

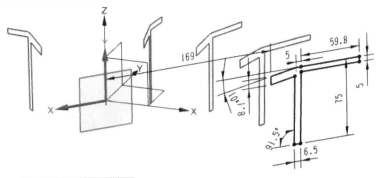

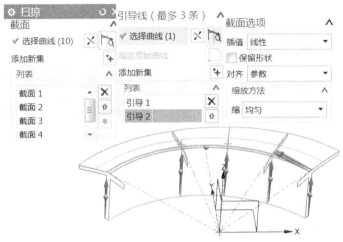

图 5.9.5　完成草图并通过"扫掠"命令造型

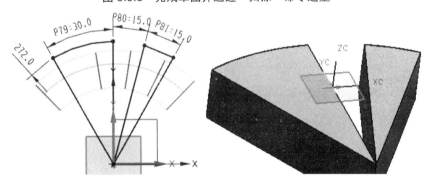

图 5.9.6　拉伸成实体

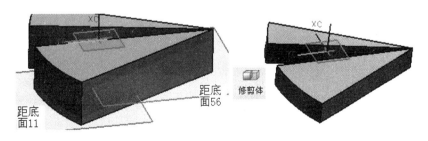

图 5.9.7　修剪实体

（7）偏置曲面，再用曲面修剪实体，如图5.9.8所示。

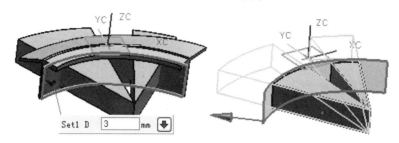

图 5.9.8　偏置曲面并修剪实体

（8）应用布尔运算"减去"，将这两个实体块从扫掠实体里面减去，如图 5.9.9 所示。

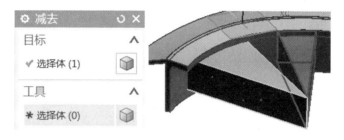

图 5.9.9　减去实体

（9）完成筋板草图，并双侧拉伸创建实体，完成造型，如图5.9.10所示。

在 B-B 剖面上绘草图并拉伸出实体，完成筋板造型；此草图可大致完成，如果拉伸后有多余的部分，可再次应用修剪体命令完成修剪。同理，完成在 D-D 剖面上筋板的造型。

图 5.9.10　完成拉伸筋板草图

5.10　项目：螺旋锥

学习目标

通过本项目的学习，使读者能熟练掌握圆柱体、拉伸体、倒角、圆台、螺旋线、扫掠和孔等命令的使用方法及操作过程，掌握三维建模的构图技巧。螺旋锥建模示例如图 5.10.1 所示。

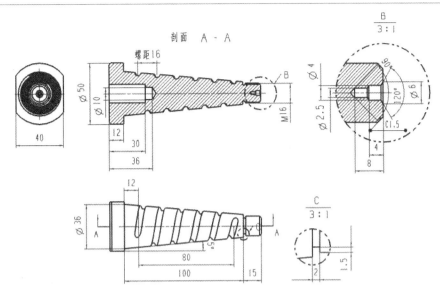

图 5.10.1　螺旋锥建模示例

学习要点

学习圆柱体、拉伸体、倒斜角、圆台、螺旋线、扫掠、孔等命令的正确使用。

绘图思路

首先，绘出底座，再拉伸成长圆柱体并拔模；其次，绘出螺旋线，再扫掠切除；最后，绘出顶部螺纹线以及上下部位的孔，完成造型。

操作步骤

(1)　启动 UG，新建部件文件 T5.10，选择"应用"菜单中的"建模"命令，进入设计模块。

(2)　创建圆柱体。作出 ϕ50×12 的圆柱体(放置在 Z 轴正向，并且底面圆心在坐标原点)，如图 5.10.2 所示。

图 5.10.2　创建圆柱体

(3)　倒斜角。完成 1.5×45°倒角。

(4)　在圆柱体上表面作凸起。截面线，选择在圆柱体上表面绘出草图圆；要凸起的面，选择圆柱体上表面；其他参数及设置详见图 5.10.3。

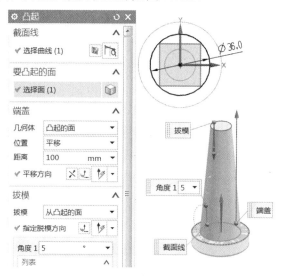

图 5.10.3　创建凸起

(5) 同上一步，继续创建两个凸起，分别为 ϕ13 和 ϕ16，并对 ϕ16 顶边倒角 C1.5。

(6) 创建螺纹。①选择 ϕ16 圆柱面；②螺纹类型为"详细"；③选择螺纹的起始平面，即 ϕ13 下表面。螺纹参数如图 5.10.4 所示。

提示： M16 为粗牙，其螺距为 2.0；没有标螺距的是粗牙，所以 M16 的螺距是 2(如是细牙，要标出螺距的尺寸，即 M16×1 或 M16×1.5，而粗牙则不标螺距的尺寸)。

(7) 创建 ϕ50 端面沉孔，如图 5.10.5 所示。

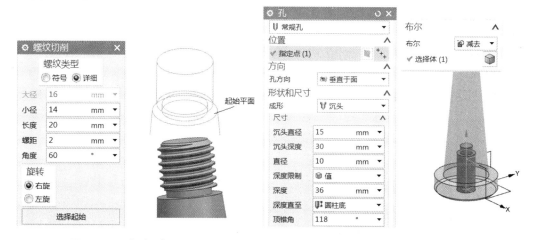

图 5.10.4　创建螺纹　　　　　　　　图 5.10.5　创建 ϕ50 端面沉孔

(8) 创建 M16 端面沉孔。应用两次孔的命令完成，如图 5.10.6 所示。

(9) 应用曲线工具"螺旋"绘出沟槽所用的螺旋线，如图 5.10.7 所示。

(10) 作出与螺旋线两端相切的曲线。首先过螺旋线端点创建两个基准平面，再分别作草图直线，在草图中约束直线与螺旋线相切，如图 5.10.8 所示。

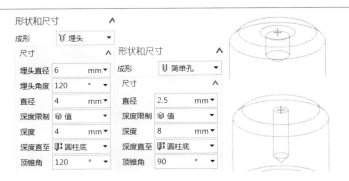

图 5.10.6　创建 M16 端面沉孔

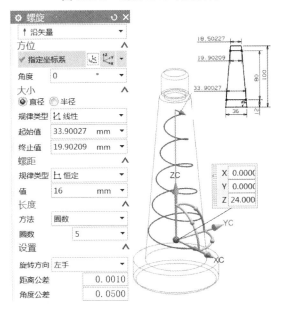

图 5.10.7　创建螺旋线

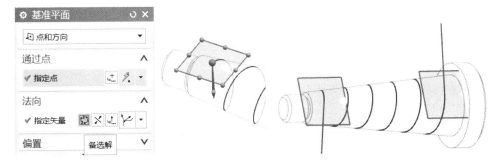

图 5.10.8　绘出螺旋线两端相切的曲线

(11) 创建草图截面，如图 5.10.9 所示。

(12) 沿引导线扫掠求差，如图 5.10.10 所示。

(13) 底座削边造型。在 XOY 平面绘草图；偏置拉伸，如图 5.10.11 所示。

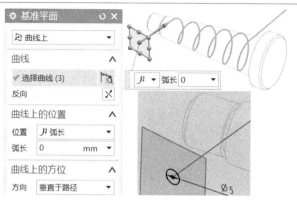

图 5.10.9　创建草图截面

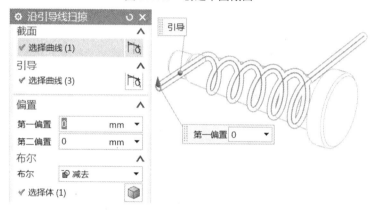

图 5.10.10　创建扫掠特征

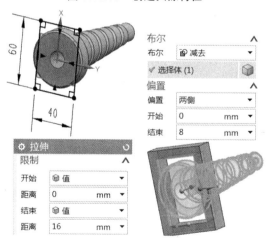

图 5.10.11　底座削边完成造型

5.11　项目：灯具

学习目标

通过本项目的学习，使读者能熟练掌握旋转、扫描、变换等命令的使用方法及操作过程，掌握三维建模的构图技巧。灯具建模示例如图 5.11.1 所示。

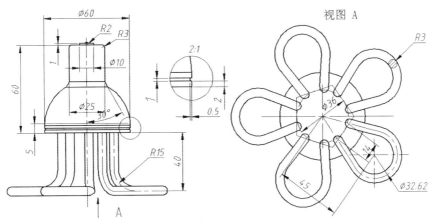

图 5.11.1　灯具建模示例

学习要点

学习旋转、扫描和变换等命令的正确使用方法。

绘图思路

依次应用旋转命令生成灯具主体，再利用扫描做出一个灯管的造型，最后利用变换命令完成其他灯管的造型。

操作步骤

(1) 启动 UG，新建部件文件 T5.11，选择"应用"菜单中的"建模…"命令，进入设计模块。

(2) 在 YOZ 平面创建草图，应用"旋转"命令生成实体，如图 5.11.2 所示。

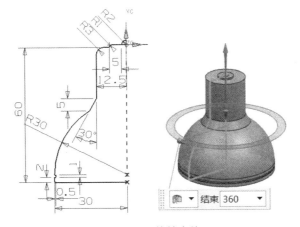

图 5.11.2　旋转实体

(3) 对旋转体上部倒圆角。创建距旋转体底面 40mm 的基准平面，并在其上绘出草图，如图 5.11.3 所示。

(4) 过图 5.11.4 所示圆圈内的点作两条空间直线，方向为 ZC 正向，过直线作两个基准平面。

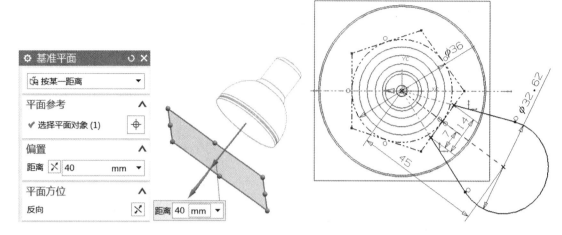

图 5.11.3　创建基准平面并绘出草图

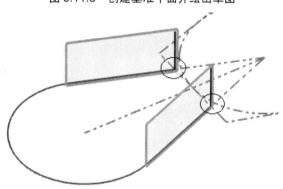

图 5.11.4　创建两个基准平面

(5)　在两个平面上分别绘出草图，直线与上一步绘出的直线共线，如图 5.11.5 所示。

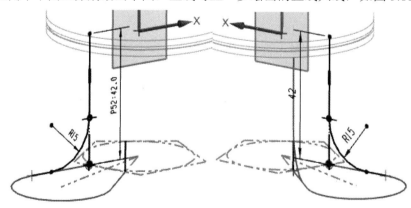

图 5.11.5　创建两个草图

(6)　应用"管"命令做出管路径特征。在选择相切线时要单击"在相交处停止"按钮，如图 5.11.6 所示。

(7)　应用"沿引导线扫掠"命令创建管路径特征。创建基准平面，绘出截面圆、扫掠生成特征，如图 5.11.7 所示。

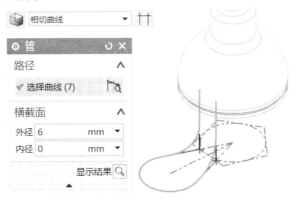

图 5.11.6　创建管

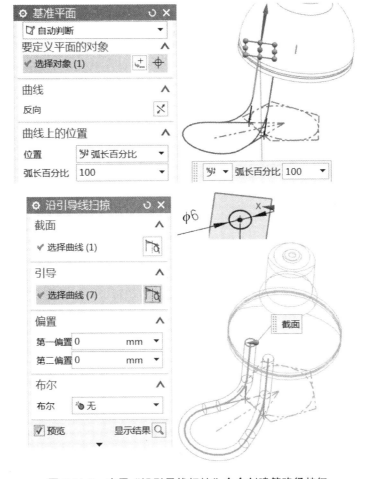

图 5.11.7　应用"沿引导线扫掠"命令创建管路径特征

(8)　制作灯丝(直线)。首先绘出 2mm 的直线，该直线可以在草图中绘出，也可以应用空间直线绘出，只要垂直于草图直线就可以，如图 5.11.8 所示。

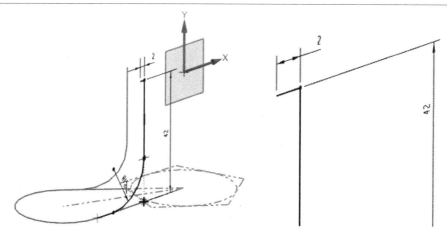

图 5.11.8　绘出 2mm 的直线

(9)　制作灯丝(曲面)。通过"扫掠"命令绘出缠绕曲面。

截面线选择 2mm 直线；引导线选择灯管曲线(选择曲线相切并打开"在相交处停止"选项)。其他参数设置如图 5.11.9 所示。

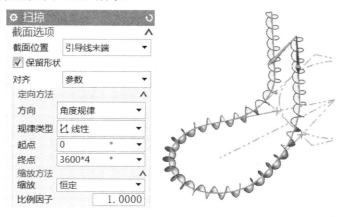

图 5.11.9　"扫掠"出缠绕曲面

(10) 制作灯丝(管径)。应用"管"命令做出管路径特征，管路径曲线选择扫掠曲面的边缘曲线，如图 5.11.10 所示。

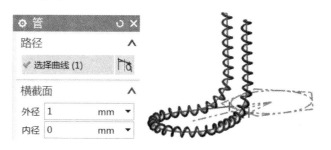

图 5.11.10　创建管

(11) 阵列特征，如图 5.11.11 所示。

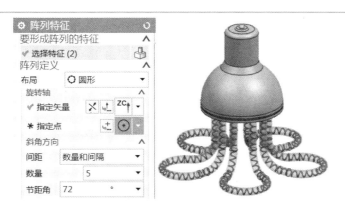

图 5.11.11　阵列灯管特征

5.12　项目：吊钩

学习目标

通过本项目的学习，使读者能熟练掌握曲面网格、旋转和扫描等命令的使用方法及操作过程，掌握三维建模的构图技巧。吊钩建模示例如图 5.12.1 所示。

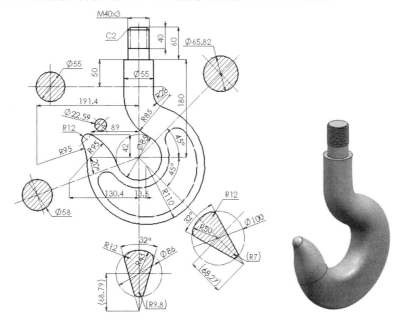

图 5.12.1　吊钩建模示例

学习要点

学习曲面网格、旋转和扫描等命令的正确使用方法。

绘图思路

首先绘出 2 条引导线，再绘出 7 个截面草图线，然后利用网格曲面生成实体，再利用圆柱体和螺纹做出顶部造型，最后旋转出吊钩的圆顶部分。

操作步骤

(1) 启动 UG，新建部件文件 T5.12，选择"应用"菜单中的"建模…"命令，进入设计模块。

(2) 绘出草图。在 XOY 平面绘出草图，如图 5.12.2 所示。

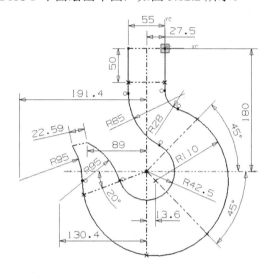

图 5.12.2　在 XOY 平面绘出草图

提示： 同时画出 7 个截面的截面线，以方便下一步创建基准平面。

(3) 创建 7 个截面的基准平面，并在其上分别绘出草图，如图 5.12.3 所示。

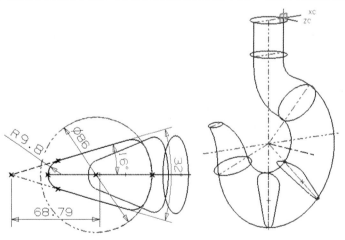

图 5.12.3　创建 7 个截面的草图

提示： 绘制截面草图时要将草图打断，这样可以在后面应用网格曲面时保持方位一致。

(4) 创建曲线网格曲面。交叉曲线要首尾闭合，所以交叉曲线 1 和交叉曲线 3 是同一条曲线，并且在选择主曲线时要注意方向一致、曲线起点一致，如图 5.12.4 所示。

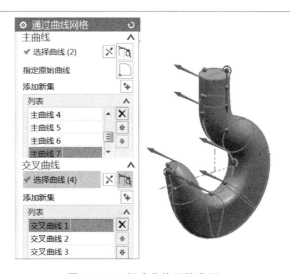

图 5.12.4　创建曲线网格曲面

(5) 创建圆柱体并倒斜角，如图 5.12.5 所示。

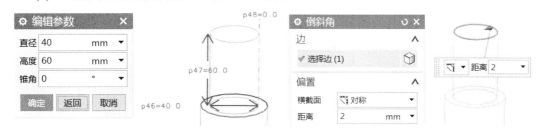

图 5.12.5　创建圆柱体并倒斜角

(6) 创建螺纹。首先绘出一个基准面，作为螺纹的起始平面，再应用螺纹命令做出螺纹特征，如图 5.12.6 所示。

图 5.12.6　创建螺纹

(7) 绘出钩头草图。通过曲线网格完成钩头造型，也可以通过旋转命令来完成，如图 5.12.7 所示。

本例的主曲线分别为点 1 和点 2；交叉曲线分别为曲线 1、曲线 2 和曲线 3。在连续性选项里分别设置曲线 1 和曲线 3 为 G1(相切)，并指定相切曲面。

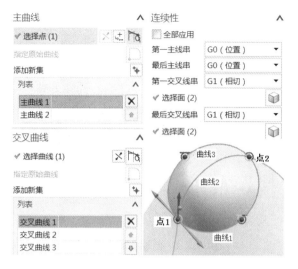

图 5.12.7 通过曲线网格完成钩头造型

5.13 项目：浴瓶

学习目标

通过本项目的学习，使读者能熟练掌握网格曲面、等距曲面、曲面缝合、扫掠曲面、旋转、修剪体和抽壳等命令的使用方法及操作过程，掌握三维建模模型的构图技巧。浴瓶建模示例如图 5.13.1 所示。

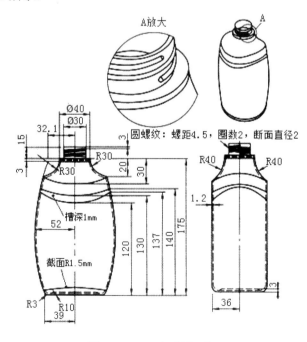

图 5.13.1 浴瓶建模示例

学习要点

学习 UG NX 网格曲面、等距曲面、曲面缝合、扫掠曲面、旋转、修剪体和抽壳等命令的正确使用方法。

绘图思路

依次绘出草图截面并应用网格曲面生成瓶体，再利用圆柱命令绘出顶部造型，接着用拉伸命令并倒圆角绘出底部造型，然后利用曲线组命令生成曲面，并将几个曲面缝合，由缝合曲面完成对瓶体的修剪，完成凹槽部分的造型，最后应用抽壳命令将瓶体内部抽空。

操作步骤

(1) 启动 UG，新建部件文件 T5.13，选择"应用"菜单中的"建模"命令，进入设计模块。

(2) 创建草图截面，如图 5.13.2 所示。

在 YOZ 平面创建草图时，要应用"点"命令做出 137 和 140 的四个点(两侧)。32.1 的尺寸是由圆弧相交得到，只要保证其与中线相距 52 的圆弧相切即可。

在 XOZ 平面创建草图时，要应用"点"命令绘出 120 和 130 的四个点(两侧)。

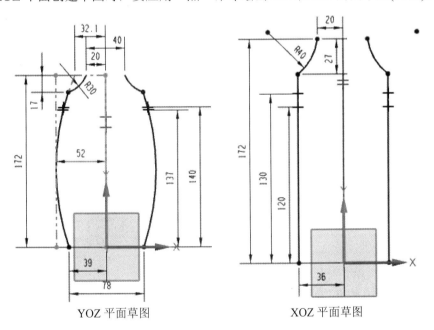

YOZ 平面草图　　　　　XOZ 平面草图

图 5.13.2　创建 YOZ、XOZ 平面草图

(3) 创建上截面的圆和下截面的椭圆，并对圆和椭圆进行分割，这样再使用网格曲面或艺术曲面时，不会发生曲面扭曲的现象。接下来再应用"艺术样条"命令生成样条线，如果有必要也要分割样条线，如图 5.13.3 所示。

(4) 应用艺术曲面生成实体，应用圆柱命令或凸起命令生成顶部的圆柱特征，如图 5.13.4 所示。主曲线为圆、样条、椭圆三条曲线；引导线为侧面四条曲线，但第一条线要选择两次，即首尾要闭合，这样才能形成实体。

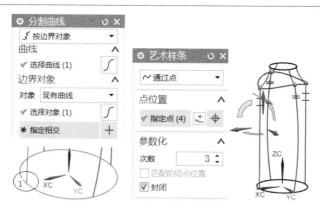

图 5.13.3　创建上下两个截面的圆弧及样条线

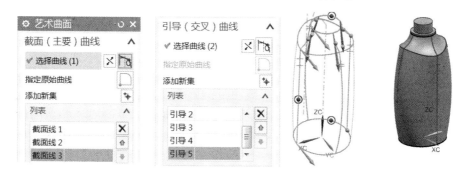

图 5.13.4　应用网格曲面生成实体和凸起命令生成顶部圆柱

(5)　根据底面边生成偏置曲线，再应用拉伸命令完成拉伸切除，如图 5.13.5 所示。

图 5.13.5　偏置曲线拉伸切除

(6)　底边倒 R10 和 R3 的圆角，如图 5.13.6 所示。

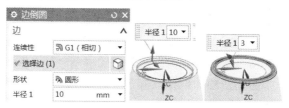

图 5.13.6　底边倒 R10 和 R3 的圆角

(7)　创建样条曲线。根据步骤(2)草图中侧面的八个点，生成封闭的样条曲线，如图 5.13.7 所示。

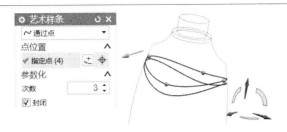

图 5.13.7　创建样条曲线

(8)　通过曲线组生成曲面，再应用偏置曲面命令生成等距曲面，如图 5.13.8 所示。

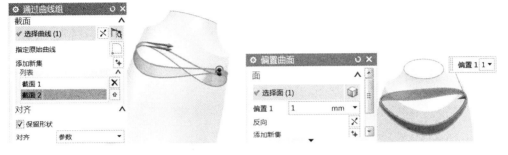

图 5.13.8　生成曲面及等距曲面

(9)　在上一步中原曲面和等距曲面上、下各生成两个曲面，如图 5.13.9 所示。

图 5.13.9　生成上、下两个曲面

(10)　将上一步生成的两个曲面延伸，超过瓶体，如图 5.13.10 所示。

(11)　将上一步生成的两个延伸曲面及第(8)步生成的等距曲面缝合成一个曲面，如图 5.13.11 所示。

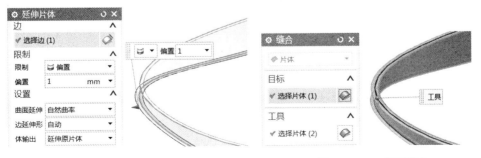

图 5.13.10　延伸曲面　　　　　　　　图 5.13.11　曲面缝合

(12) 修剪艺术曲面生成的瓶体,如图5.13.12所示。

图 5.13.12　修剪瓶体

(13) 创建底部圆形凹槽的引导线。在 YOZ 平面绘草图,再生成投影曲线(要两次投影才能生成圆周曲线),如图5.13.13所示。

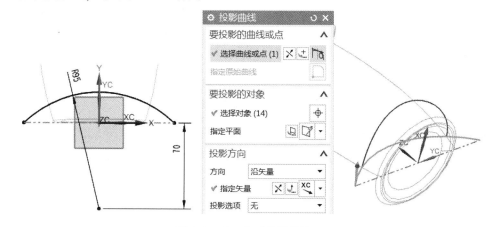

图 5.13.13　生成投影曲线

(14) 应用"光顺曲线串"命令将刚生成的两条投影曲线合并成一条曲线,如图 5.13.14所示。

图 5.13.14　光顺曲线

(15) 创建截面圆如图 5.13.15(a)所示,再应用扫描切除,生成凹槽特征,并倒圆角R1,如图5.13.15(b)所示。(注:此处也可应用"管"命令直接完成凹槽特征。)

(16) 创建螺旋曲线,指定螺旋线起点,按图5.13.16所示设置参数。

(17) 创建管特征。注意:这一步要生成单独的一个管实体,如图5.13.17所示。

(18) 在管的头部和尾部分别作出草图直线,旋转生成螺纹头部和尾部,要应用"合并"选项与管实体组成一个实体,如图5.13.18所示。

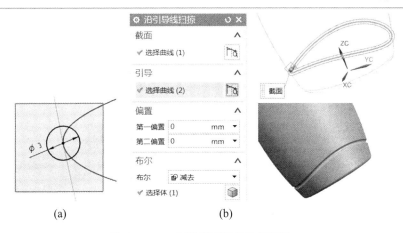

(a)　　　　　　　　　(b)

图 5.13.15　创建截面圆并扫描切除

图 5.13.16　创建螺旋曲线

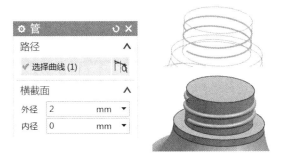

图 5.13.17　创建管特征

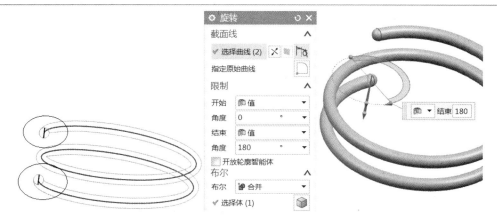

图 5.13.18　旋转生成螺纹头部和尾部

(19) 对瓶体用"抽壳"命令抽空，再与螺纹实体合并，完成造型，如图 5.13.19 所示。抽壳时，要穿透的面选择瓶口表面，向内抽壳。

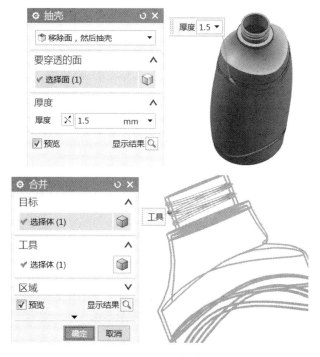

图 5.13.19　抽壳

5.14　项目：摩擦楔块锻模

学习目标

通过本项目的学习，使读者能熟练掌握通过曲线组、拉伸到指定对象和求差等命令的使用方法及操作过程，掌握三维建模的构图技巧。摩擦楔块锻模建模示例如图 5.14.1 所示。

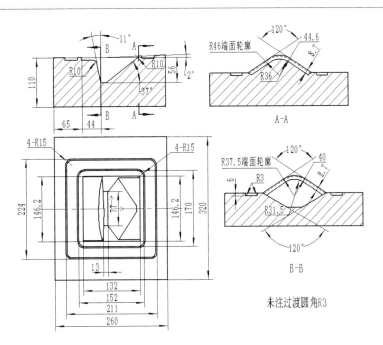

图 5.14.1　摩擦楔块锻模建模示例

学习要点

学习通过曲线组、拉伸到指定对象、求差等命令的正确使用方法。

绘图思路

首先绘出四个截面草图，然后应用曲线组命令完成基体，再次应用该命令完成中间部分的造型，最后应用拉伸及求差等命令完成造型。

操作步骤

(1) 启动 UG，新建部件文件 T5.14，选择"应用"菜单中的"建模"命令，进入设计模块。

(2) 绘制草图。在 YOZ 平面绘制辅助草图，如图 5.14.2 所示。

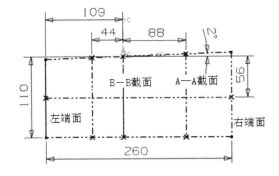

图 5.14.2　在 YOZ 平面绘制辅助草图

(3) 绘左端面草图，如图 5.14.3 所示。

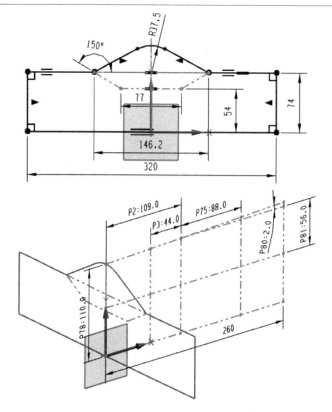

图 5.14.3　绘左端面草图

(4) 绘右端面草图。在右端面创建基准平面，在其上创建草图。将左端面草图投影到右端面的草图平面上，再绘出 R46 的圆弧，如图 5.14.4 所示。

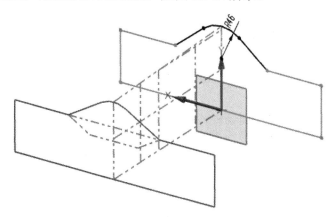

图 5.14.4　绘右端面草图

(5) 绘制距 B 截面 44mm 的平面草图，如图 5.14.5 所示。

(6) 绘 A-A 截面草图，如图 5.14.6 所示。

(7) 通过曲线组命令完成左、右端面实体造型，如图 5.14.7 所示。

(8) 通过曲线组命令完成中间截面的实体造型，如图 5.14.8 所示。

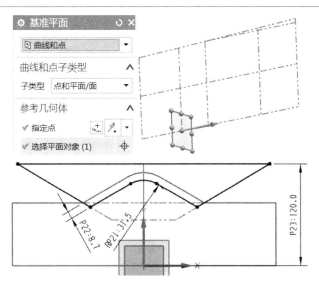

图 5.14.5 绘制距 B 截面 44mm 的平面草图

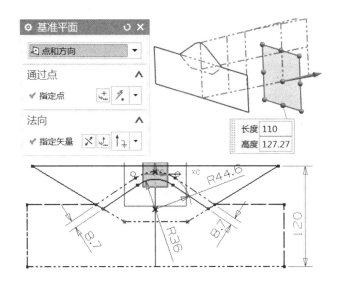

图 5.14.6 绘 A-A 截面草图

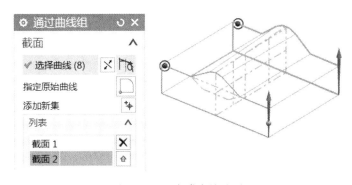

图 5.14.7 完成实体造型

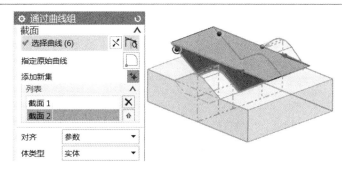

图 5.14.8　完成中间截面实体造型

(9)　应用"减去"命令完成实体求差，如图 5.14.9 所示。

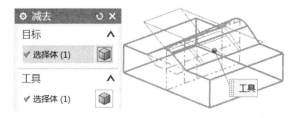

图 5.14.9　完成实体求差

(10)　在距底面 54mm 建立基准平面并创建草图，如图 5.14.10 所示。

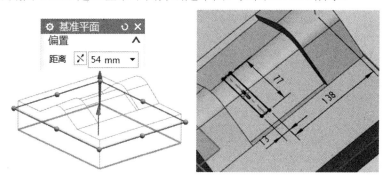

图 5.14.10　创建矩形草图

(11)　过上一步长方形短边中线作基准平面，在其上绘制草图，如图 5.14.11 所示。

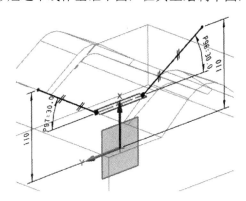

图 5.14.11　过短边中线绘制草图

(12) 过第 10 步矩形长边中线绘出基准平面，在其上绘制草图，如图 5.14.12 所示。

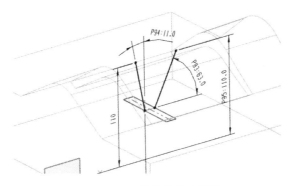

图 5.14.12　过长边中线绘制草图

(13) 过上两步草图顶点绘出基准平面，创建草图，如图 5.14.13 所示。

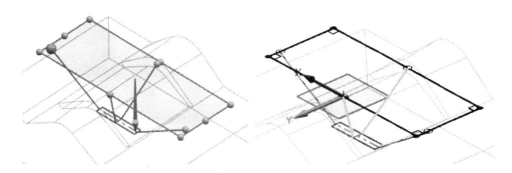

图 5.14.13　创建矩形草图

(14) 通过曲线组把第(10)步、第(11)步中两个矩形草图生成实体再求差、倒圆角，如图 5.14.14 所示。

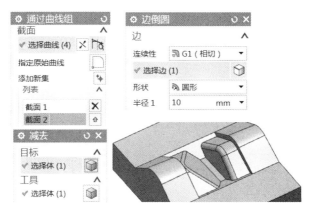

图 5.14.14　放样切除、倒圆角

(15) 偏置曲面，把实体表面向下偏置 6mm(凹槽除外)，如图 5.14.15 所示。

(16) 创建基准平面并绘草图，如图 5.14.16 所示。

(17) 拉伸到偏置的等距面，应用布尔运算选择"减去"。然后锐边倒圆角，得到最终的造型，如图 5.14.17 所示。

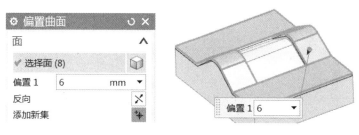

图 5.14.15　偏置曲面

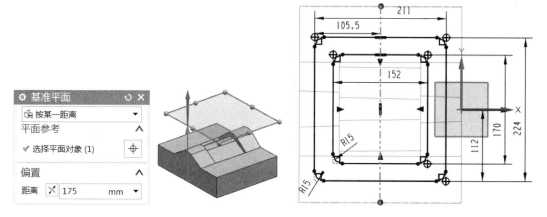

图 5.14.16　创建基准平面并绘草图

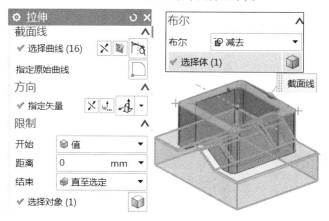

图 5.14.17　拉伸到偏置的等距面

5.15　项目：螺旋槽

学习目标

通过本项目的学习，使读者能熟练掌握拉伸、表达式、缠绕曲线、扫掠和镜像等命令的使用方法及操作过程，掌握三维建模的构图技巧。螺旋槽建模示例如图 5.15.1 所示。

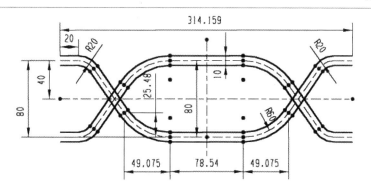

图 5.15.1　螺旋槽建模示例

学习要点

学习拉伸、表达式、缠绕曲线、扫掠和镜像等命令的正确使用方法。

绘图思路

首先创建圆柱体，然后在圆柱表面建立相切基准面并绘出草图，再应用曲线缠绕命令将草图线缠绕在圆柱表面，应用扫掠完成第一个沟槽的创建，再镜像出第二个沟槽。

操作步骤

(1)　启动 UG，新建部件文件 T5.15，选择"应用"菜单中的"建模"命令，进入设计模块。

(2)　创建圆柱体，如图 5.15.2 所示。

图 5.15.2　创建圆柱体

(3)　绘制草图，如图 5.15.3 所示。

提示：创建与圆柱表面相切的基准平面并在其上创建草图，总长度标注时应用公式方式输入，即在弹出的表达式中输入公式"100*PI()"，确定后得到圆的直径 314.159(保留三位小数)。

(4)　创建缠绕曲线。首先在圆柱表面创建一个基准平面，这个平面要与上一步的草图平面平行；再打开"缠绕曲线"对话框，参照图 5.15.4 所示选择草图曲线、圆柱面和平面。

(5)　创建垂直缠绕曲线的基准平面并在其上绘出草图，如图 5.15.5 所示。

(6)　应用"扫掠"命令完成造型，如图 5.15.6 所示。

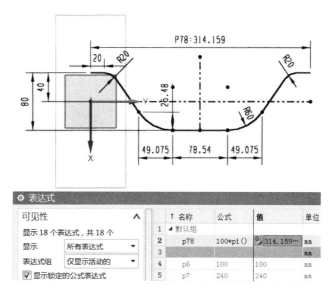

图 5.15.3　绘制草图

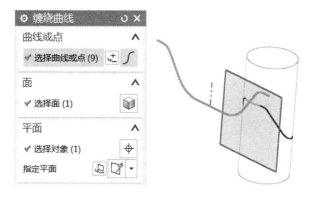

图 5.15.4　创建缠绕曲线

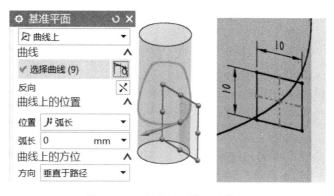

图 5.15.5　创建平面并绘出草图

提示：此处应用"扫掠"完成造型。在应用此命令时只需要在选择"定位"方向时选择"面的法向"并选择圆柱面，其他按照命令默认值即可。

（7）镜像特征。指定镜像平面时，选择新平面，然后选择圆柱上、下表面，系统自动求出中间平面，结果如图 5.15.7 所示。

（8）减去。将扫掠实体特征从圆柱体中减去，结果如图 5.15.8 所示。

图 5.15.6　应用扫掠命令完成造型　　　　图 5.15.7　镜像特征

图 5.15.8　减去特征

资料 5-1　表达式

5.16 项目：拨叉

学习目标

通过本项目的学习，使读者能熟练掌握拉伸、求交等命令的使用方法及操作过程，掌握拨叉的三维建模的构图技巧。拨叉建模示例如图 5.16.1 所示。

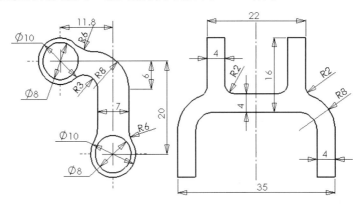

图 5.16.1 拨叉建模示例

学习要点

学习 UG NX 拉伸和求交等命令的正确使用方法。

绘图思路

依次在互相垂直的两个基准平面内作出草图，然后拉伸，应用求交完成造型。

操作步骤

(1) 启动 UG，新建部件文件 T5.16，选择"应用"菜单中的"建模…"命令，进入设计模块。

(2) 分别在 XOZ 和 YOZ 平面绘制草图，如图 5.16.2 所示。

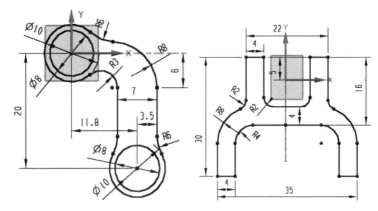

图 5.16.2 在 YOZ 和 XOZ 平面绘制草图

(3)　拉伸在 YOZ 平面绘制的草图，如图 5.16.3 所示。

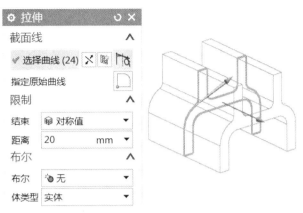

图 5.16.3　拉伸在 YOZ 平面绘制的草图

提示：拉伸方式选择"对称"，拉伸数值以超过另一个草图的界限为宜。

(4)　拉伸 XOZ 平面绘制的草图，拉伸方式选择"对称"，拉伸数值以超过另一个草图的界限为宜。应用布尔运算选择"相交"，如图 5.16.4 所示。

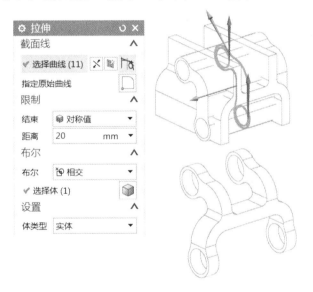

图 5.16.4　拉伸 XOZ 平面绘制的草图

5.17　项目：足球

学习目标

通过本项目的学习，使读者能熟练掌握相交线、旋转面、直纹面、延伸面、修剪体、片体加厚、变换等命令的使用方法及操作过程，掌握足球三维建模的构图技巧。足球建模示例如图 5.17.1 所示。

原理：足球是正三十二面体。正三十二面体是由十二面正五边形和二十面正六边形组成。三十二面体的外接圆直径 D 与棱长 a 的关系式为：$D=4.956a$(精确到三位小数)

图 5.17.1　足球建模示例

学习要点

掌握相交线、旋转面、直纹面、延伸面、修剪体、片体加厚、变换等命令的应用方法。

绘图思路

首先绘出五边形，再求出六边形的一个边，绘出六边形，再找出球的圆弧线，并旋转出球面，应用直纹面、延伸面、修剪体等命令绘出五边形和六边形的球皮并加厚，对得到的实体倒圆角，最后多次应用变换命令绘出足球的造型。

操作步骤

(1)　启动 UG，新建部件文件 T5.17，选择"应用"菜单中的"建模..."命令，进入设计模块。

(2)　在 XOY 平面绘出草图，如图 5.17.2 所示。

(3)　旋转曲面。通过"旋转"命令生成两个相交曲面，如图 5.17.3 所示。

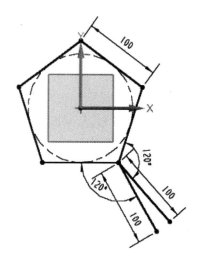

图 5.17.2　在 XOY 平面绘草图

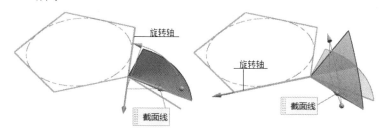

图 5.17.3　旋转曲面

(4)　相交曲线。两组曲面生成相交曲线，作为六边形的一条边，如图 5.17.4 所示。

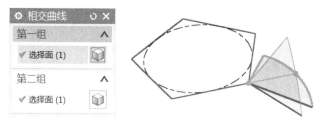

图 5.17.4　相交曲线

(5) 利用相交线和五边形的一条边,建立基准平面并绘出正六边形草图,边长与五边形边长等距,如图 5.17.5 所示。

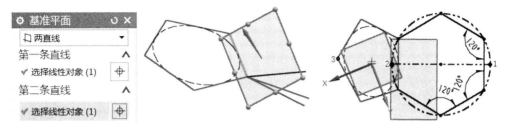

图 5.17.5　建立基准平面并绘草图

(6) 过 1、2、3 点建立基准平面并绘草图,如图 5.17.6 所示。

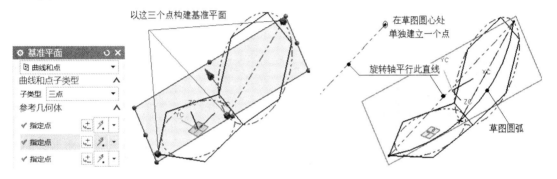

图 5.17.6　建立基准平面并绘草图

(7) 生成旋转曲面,如图 5.17.7 所示。同时,再通过"偏置曲面"命令复制一个相同的曲面。

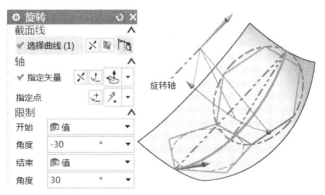

图 5.17.7　生成旋转曲面

(8) 通过步骤(6)草图圆心和步骤(5)草图内接圆心绘出一条直线,如图 5.17.8 所示。

(9) 通过曲线组命令生成曲面,如图 5.17.9 所示。创建曲面时,首先选择第(6)步中生成的那个点(或者上一步建立的直线端点),再选择五边形,体类型选择"片体"。

(10) 延伸曲面,将五边形向底面延伸(要超过旋转面),如图 5.17.10 所示。

(11) 修剪旋转曲面[隐藏第(7)步生成的偏置曲面,这个面下一步用六边形面修剪],如图 5.17.11 所示。

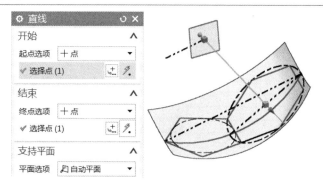

图 5.17.8　绘制直线

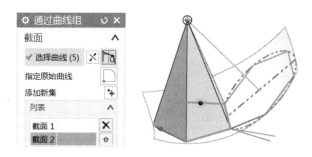

图 5.17.9　生成曲面

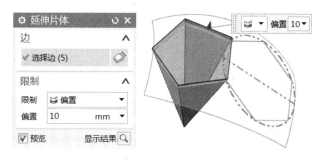

图 5.17.10　延伸曲面

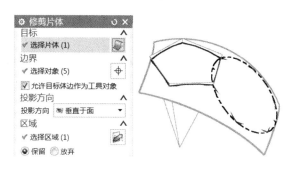

图 5.17.11　修剪旋转曲面

(12) 隐藏五边形曲线组曲面，将修剪后的旋转曲面片体加厚，并倒 R5 圆角，如

图 5.17.12 所示。

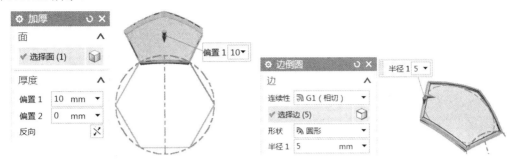

图 5.17.12　曲面加厚并倒圆角

(13) 重复第(9)步至第(12)步，绘出六边形加厚的实体 (此时有两个实体，即五边形实体和六边形实体)，如图 5.17.13 所示。

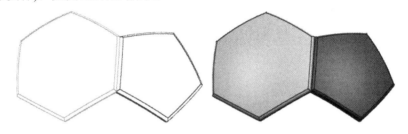

图 5.17.13　六边体

(14) 阵列几何特征。阵列之前可以利用"编辑"→"对象显示"将五边形体改成黑色，应用"阵列几何特征"命令完成复制，旋转轴选择步骤(8)绘制的直线，如图 5.17.14 所示。

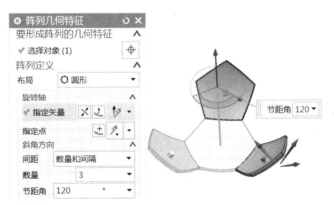

图 5.17.14　阵列几何特征

(15) 创建圆以便找到圆心。利用空间三点画圆的方法在六边体的三个顶点上画出圆，然后连接圆心和第(8)步直线的顶点，作出空间直线，如图 5.17.15 所示。

(16) 阵列几何特征。阵列几何特征选择两个五方体和一个六方体，旋转轴选择上一步绘制的直线，其他参数如图 5.17.16 所示。

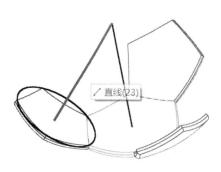

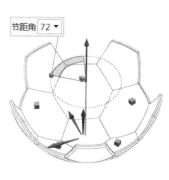

图 5.17.15　创建直线　　　　　　　　　图 5.17.16　阵列几何特征

(17) 参照以上操作，完成其余的五边体、六边体的复制。

5.18　项目：篮球

学习目标

通过本项目的学习，使读者能熟练掌握球体、沿引导线扫掠等命令的使用方法及操作过程，掌握篮球的三维模型构图技巧。篮球建模示例如图 5.18.1 所示。

篮球直径为 200mm

图 5.18.1　篮球建模示例

学习要点

学习球体、沿引导线扫掠等命令的正确使用方法。

绘图思路

首先绘出球体，再创建引导线，并应用沿引导线扫掠命令完成对球体的切除，最后完成球体的造型。

操作步骤

(1) 启动 UG，新建部件文件 T5.18，选择"应用"菜单中的"建模..."命令，进入设计模块。

(2) 制作空心球。首先生成球体，再抽壳，如图 5.18.2 所示。

(3) 在 YOZ 基准平面和 XOZ 基准平面分别创建草图圆，如图 5.18.3 所示。

 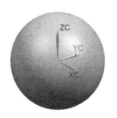  

图 5.18.2　制作空心球

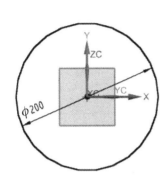 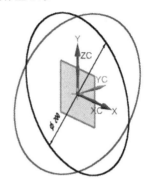

图 5.18.3　在 YOZ 平面和 XOZ 平面创建草图圆

(4) 将 YOZ 平面绕 Z 轴旋转 45° 建立新平面, 如图 5.18.4 所示。

图 5.18.4　绕 Z 轴旋转 45° 建立新平面

(5) 将 YOZ 平面绕 Z 轴旋转-45° 建立新平面, 如图 5.18.5 所示。

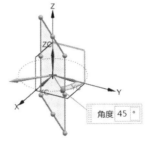

图 5.18.5　绕 Z 轴旋转-45° 建立新平面

(6) 在第(4)步和第(5)步创建的基准平面上分别绘出草图, 如图 5.18.6 所示。

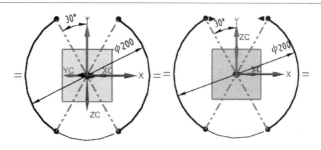

图 5.18.6   创建草图

(7)   桥接曲线。用"桥接曲线"命令连接草图曲线,如图 5.18.7 所示。

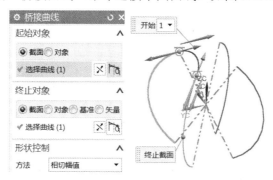

图 5.18.7   桥接曲线

(8)   同理,将其他部分也绘出桥接曲线,结果如图 5.18.8 所示。

(9)   应用"管"命令,做出管造型,管直径为 6mm,如图 5.18.9 所示。

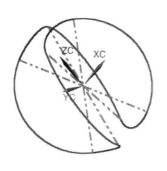

图 5.18.8   作出其他 3 条桥接曲线   图 5.18.9   完成管造型

(10) 将管实体从球体中减去,结果如图 5.18.10 所示。

图 5.18.10   最终造型

5.19　项目：排球

学习目标

通过本项目的学习，使读者能熟练掌握长方体、旋转体、沿引导线扫掠等命令的使用方法及操作过程，掌握排球三维建模的构图技巧。排球建模示例如图 5.19.1 所示。

球直径为 173.205mm

图 5.19.1　排球建模示例

学习要点

学习长方体、旋转体和沿引导线扫掠等命令的正确使用方法。

绘图思路

首先绘出长方体，然后绘出各面草图，再旋转出球体，再绘出草图，最后应用沿引导线扫掠完成排球造型。

操作步骤

(1) 启动 UG，新建部件文件 T5.19，选择"应用"菜单中的"建模..."命令，进入设计模块。

(2) 建立正方体线框架模型(排球直径：正方形边长 $a \times \sqrt{3}$)，如图 5.19.2 所示。

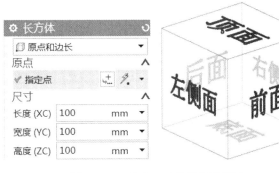

图 5.19.2　建立正方体线框架模型

(3) 用直线和圆弧连接正方形各点，如图 5.19.3 所示。

(4) 生成旋转曲面，如图 5.19.4 所示。

(5) 在六个面分别绘出草图，如图 5.19.5 所示。

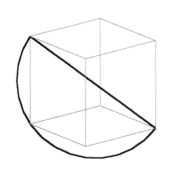

图 5.19.3　绘直线和圆弧　　　　图 5.19.4　生成旋转曲面

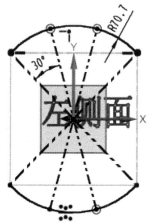

右侧面的草图是将左侧面草图投影得到。

后面的草图是将前面草图投影得到。

圆弧半径按下面方式输入:

公式	值	单位
100*sqrt(2)/2	70.71067812	mm

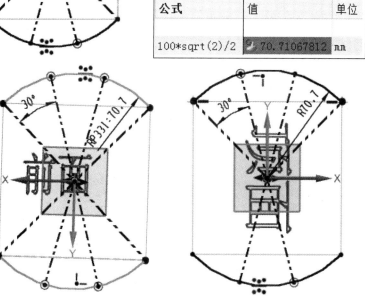

图 5.19.5　在六个面分别绘出草图

(6)　使用三点方式创建两条圆弧曲线(空间),如图 5.19.6 所示。

(7)　同理,绘出其他草图,如图 5.19.7 所示。

(8)　通过草图曲线绘制管,并从球体中减去管,最后为曲面着色,如图 5.19.8 所示。

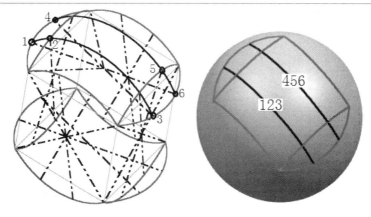

图 5.19.6　使用三点方式创建圆弧曲线

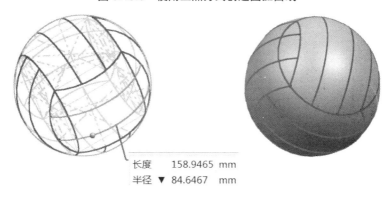

长度　　158.9465　mm
半径 ▼　84.6467　　mm

图 5.19.7　创建其他草图

图 5.19.8　通过曲线绘管并从球体中减去管

5.20　项目：汤匙

学习目标

通过本项目的学习，使读者能熟练掌握拉伸、扫掠、网格曲面、N 边面、片体修剪、倒圆、缝合和片体加厚等命令的使用方法及操作过程，掌握三维建模的构图技巧。汤匙建模示例如图 5.20.1 所示。

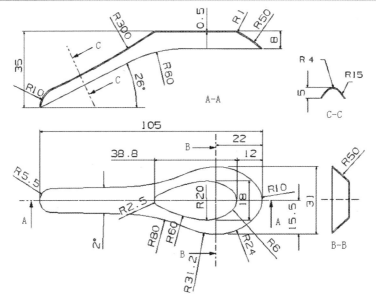

图 5.20.1　汤匙建模示例

学习要点

学习拉伸、扫掠、网格曲面、N 边面、片体修剪、缝合和片体加厚等命令的正确使用方法。

绘图思路

首先绘出中部曲面，然后绘出头部曲面，再完成柄部曲面，最后缝合并加厚。

操作步骤

(1)　启动 UG，新建部件文件 T5.20，单击"应用"菜单中的"建模..."命令，进入设计模块。

(2)　在 XOY 平面绘出草图，如图 5.20.2 所示。

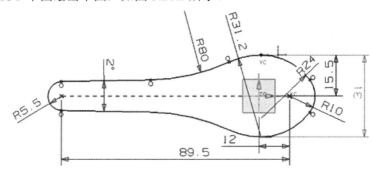

图 5.20.2　在 XOY 平面绘出草图

(3)　在 XOZ 平面绘出草图，如图 5.20.3 所示。

(4)　拉伸出片体 1 和片体 2，如图 5.20.4 和图 5.20.5 所示。

(5)　修剪片体，如图 5.20.6 所示。

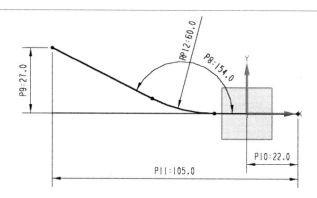

图 5.20.3　在 XOZ 平面绘出草图

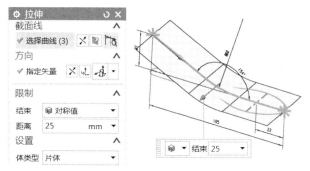

图 5.20.4　拉伸出片体 1

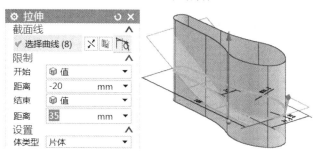

图 5.20.5　拉伸出片体 2

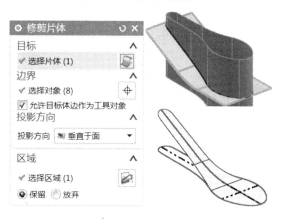

图 5.20.6　修剪片体

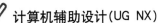

(6) 创建基准平面。将 XOY 平面向下偏移 8mm，创建新平面，如图 5.20.7 所示。

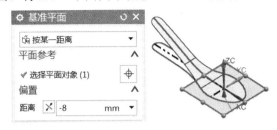

图 5.20.7 创建基准平面

(7) 绘出汤匙底部草图。在上一步新建的基准平面上创建草图，如图 5.20.8 所示。

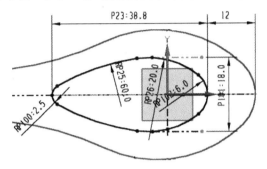

图 5.20.8 创建草图

(8) 在 XOZ 平面绘出中截面上的草图，如图 5.20.9 所示。

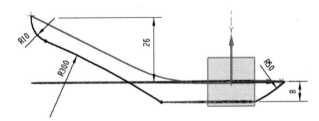

图 5.20.9 绘出中截面上的草图

(9) 绘出汤匙前端草图，如图 5.20.10 所示。在草图中要做好辅助线，这样容易抓取点。R11.7 的圆弧是与 R50 圆弧相切得到的。

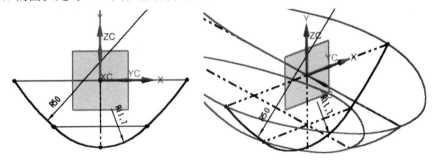

图 5.20.10 绘出汤匙前端草图

(10) 绘出汤匙柄部草图，如图 5.20.11 所示。

首先创建基准平面，然后再绘出草图。草图中"6.1"的数值与创建基准平面的位置有关，与题目所给的尺寸略有不同，这里不做要求。另外，点 1 和点 2 处位置(即 11.4 的数值)的确定主要是参考第(5)步修剪片体的边线而得到的。

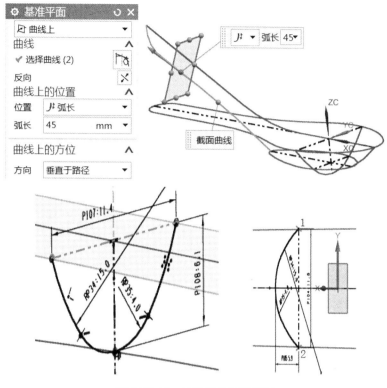

图 5.20.11　绘出汤匙柄部草图

(11) 在 XOZ 平面重绘柄部草图。将草图 R300 圆弧投影到新的草图，然后绘出与其相切的圆弧 R33.9，两端用点捕捉方式拾取，如图 5.20.12 所示。

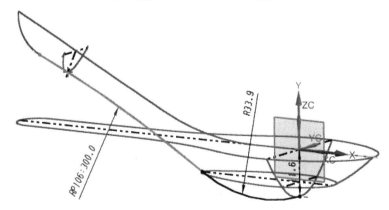

图 5.20.12　在 XOZ 平面重绘柄部草图

(12) 扫掠生成曲面，如图 5.20.13 所示。

(13) 在底部创建填充曲面，如图 5.20.14 所示。

(14) 延伸填充曲面，如图 5.20.15 所示。

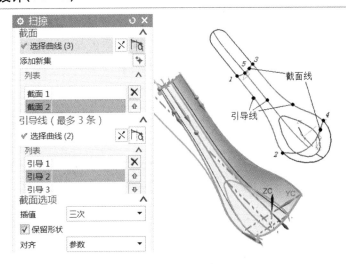

图 5.20.13　扫掠生成曲面

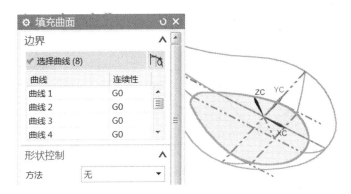

图 5.20.14　创建填充曲面

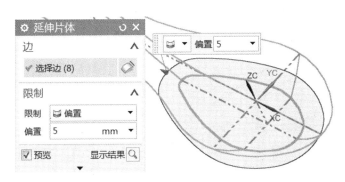

图 5.20.15　延伸填充曲面

(15) 修剪扫掠曲面，如图 5.20.16 所示。

(16) 创建艺术曲面。将连续性 G1 打开，可以生成更光顺的曲面，如图 5.20.17 所示。

(17) 修剪延伸的片体。用扫掠曲面和艺术曲面来修剪延伸的片体，如图 5.20.18 所示。

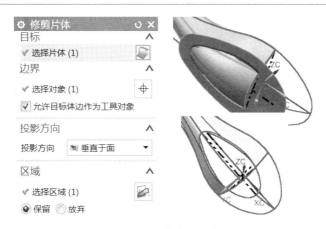

图 5.20.16　修剪扫掠曲面

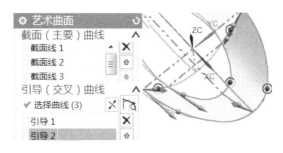

图 5.20.17　创建艺术曲面

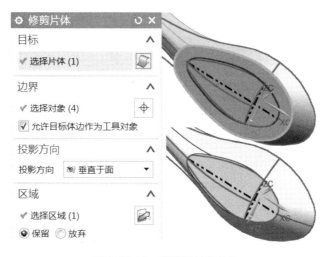

图 5.20.18　修剪延伸的片体

(18) 通过曲线网格创建匙柄头部曲面，如图 5.20.19 所示。

(19) 缝合曲面。把所有显示的曲面缝合成一个实体，如图 5.20.20 所示。

(20) 实体加厚，如图 5.20.21 所示。

(21) 底部锐边倒圆角，完成造型，如图 5.20.22 所示。

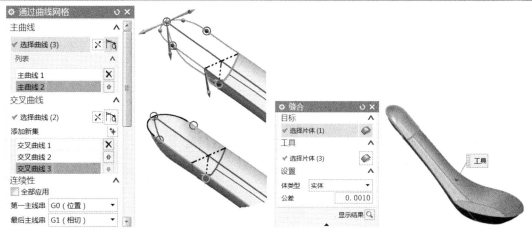

图 5.20.19　创建匙柄头部曲面　　　　　　图 5.20.20　缝合曲面

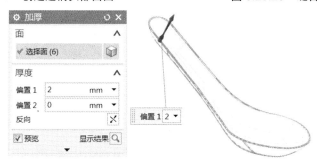

图 5.20.21　实体加厚

图 5.20.22　底部锐边倒圆角

本 章 小 结

通过本章的学习，我们应掌握如下内容。

(1)　基本体、基准平面、布尔运算。

(2)　修剪曲面、分割体、偏置面。

(3)　倒圆角、螺纹、外壳。

(4)　实例特征、变换、缝合。

(5)　网格曲面、扫掠曲面、桥接曲面。

(6)　延伸曲面、偏置曲面、N 边面。

(7)　偏置曲线、投影曲线、相交曲线

同时，学会综合应用这些命令完成产品的三维建模，掌握建模的过程与软件的应用技巧。

习　　题

通过下面习题的练习，主要目的是培养学生独立思考、创新思维的能力，进一步掌握 UG NX 软件三维建模的应用技巧。

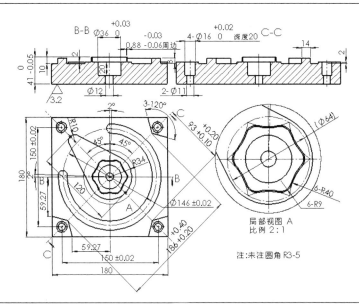

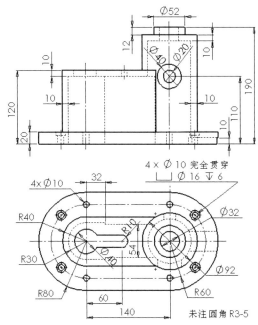

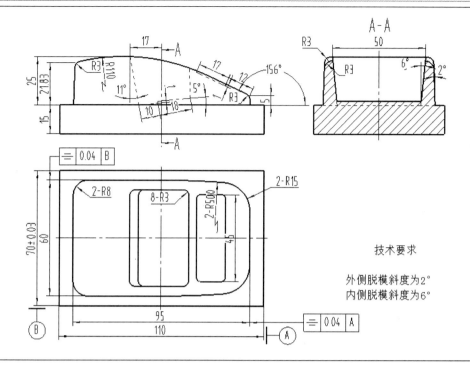

技术要求

外侧脱模斜度为2°
内侧脱模斜度为6°

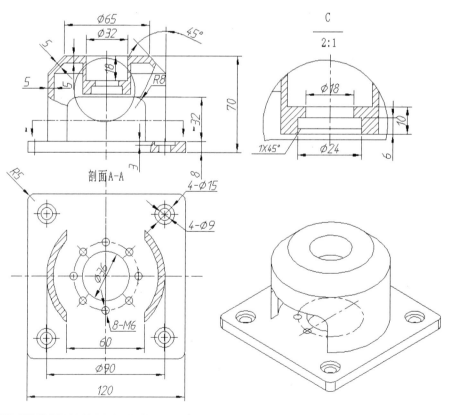

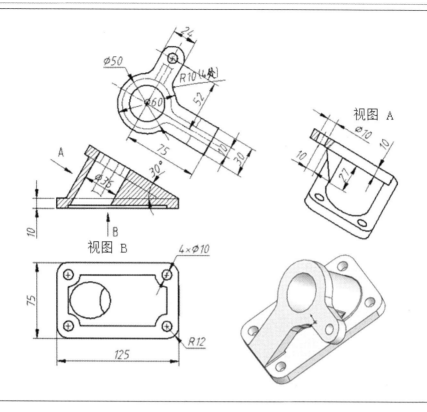

视图 A

视图 B

4×Ø10

R12

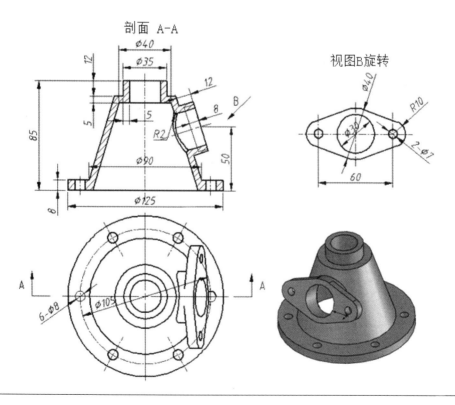

剖面 A-A

视图B旋转

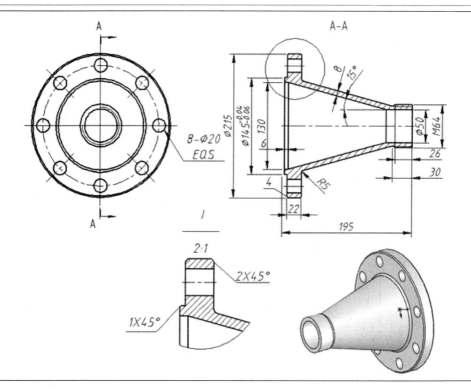

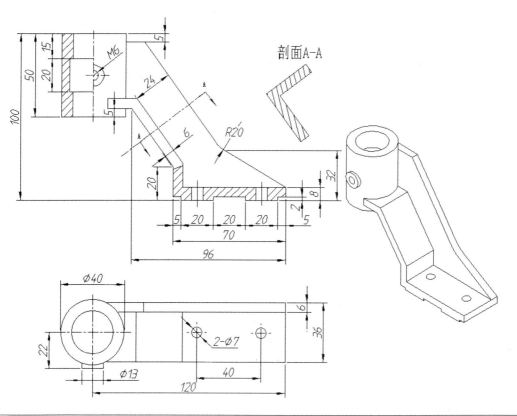

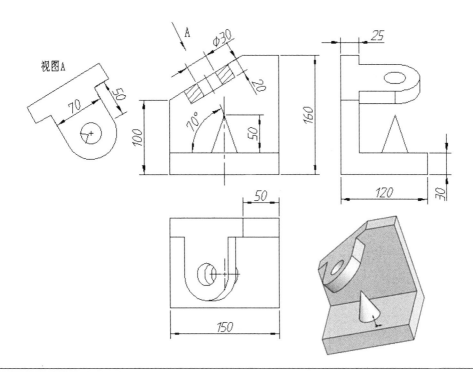

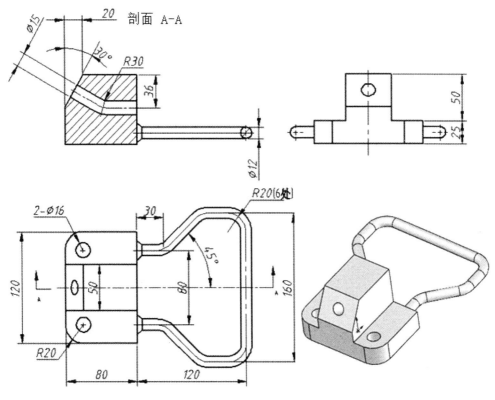

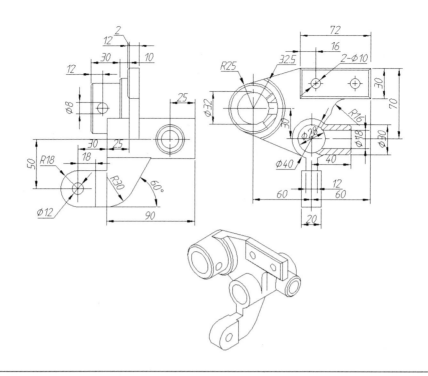

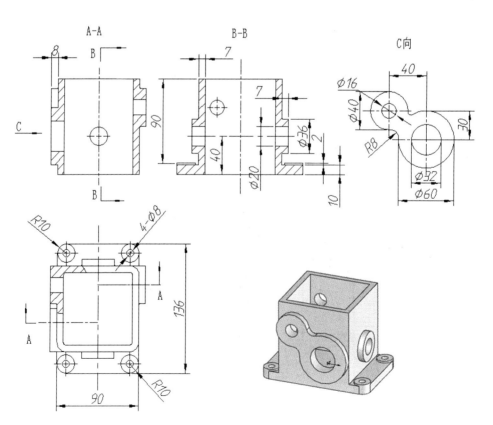

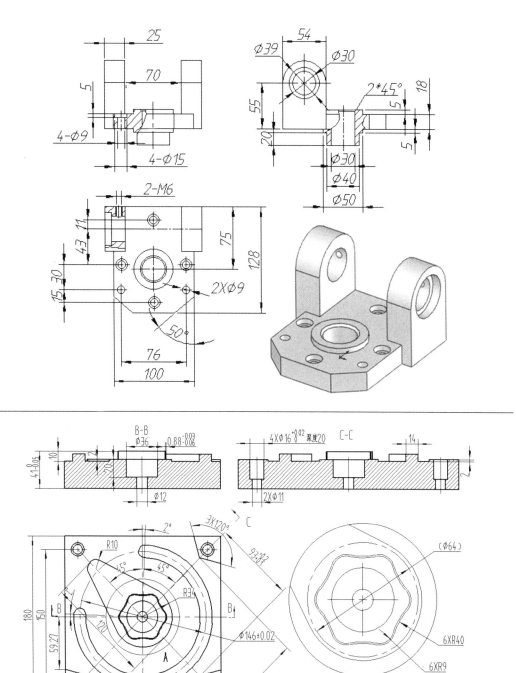

注：未注圆角R3-5

局部视图A
比例2:1

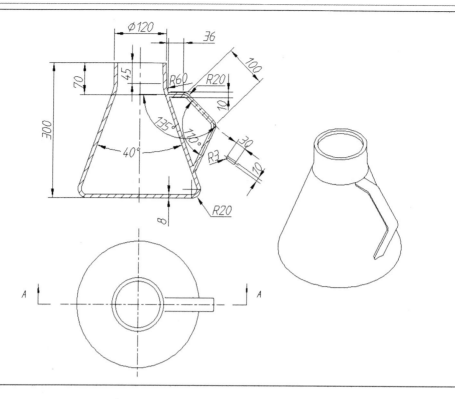

第6章 仿真装配

本章要点

(1) 装配模块应用基础。

(2) 产品装配过程的实现方法。

(3) 两种装配建模方法。

(4) 组件定位方法。

(5) 用自底向上的方法建立装配模型。

(6) 爆炸图的创建方法。

(7) 装配导航器的应用。

装配模块 UG/Assembly 是 UG 集成环境中的一个模块，用于实现将零部件的模型装配成一个最终的产品模型，或者从装配开始进行产品设计。

与产品的实际装配过程不同，UG 的装配模块是一种虚拟装配。将一个零部件模型引入一个装配模型中时，并不是将该零部件模型的所有数据"复制"或"移动"过来，而只是建立装配模型与被引用零部件模型文件之间的引用(或链接)关系，即有一个指针从装配模型指向被引用的每一个零部件。一旦被引用的零部件模型被修改，其装配模型也会随之更新。

一个装配中可引用一个或多个零件模型文件，也可引用一个或多个子装配模型文件。一个装配模型文件可以作为另一个装配模型文件的一个组件。

UG 装配模块不仅能快速组合零部件成为产品，同时还能模拟装配信息自动生成零件明细表，明细表的内容可随装配信息的变化而更新。

装配生成后，可建立爆炸视图，并可将其引入装配工程图中，同时还能对轴测图进行局部剖切。

6.1 项目：胶轮装配

学习目标

通过本项目的学习，使读者能熟练掌握零件定位、爆炸视图等相关命令，掌握应用 UG 仿真装配模块完成胶轮组件虚拟装配的基本技能。胶轮装配爆炸图如图 6.1.1 所示。

学习要点

学习 UG 产品装配命令，其中包括添加组件、重定位组件、配对组件、爆炸视图等。

绘图思路

首先引入基准零件，然后依次添加组件并配对，最后生成爆炸视图。

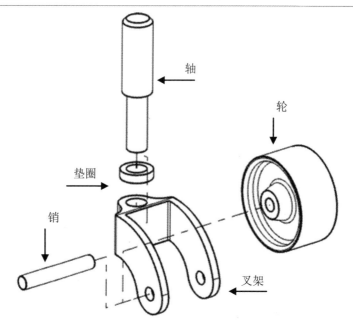

图 6.1.1　胶轮装配爆炸图

操作步骤

(1)　在应用模块中单击装配图标,进入装配模块,新建一个装配文件。

(2)　添加叉架组件作为装配基准定位,如图 6.1.2 所示。

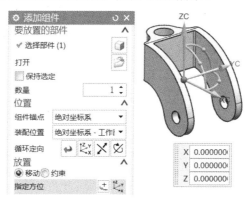

图 6.1.2　叉架组件

叉架作为基准装配件,在装配位置选项框中选择"绝对坐标系-工作部件",在放置选项下选择"移动"。

(3)　添加组件垫圈、组件重新定位。首先,在装配位置选项框中选择"对齐",在放置选项下选择"移动",将垫圈件移动到合适位置(在叉架组件孔的上方并与孔大致对齐),如图 6.1.3 所示;其次,在放置选项下选择"约束",为两个零件添加"同心"约束,即垫圈下圆边与叉架孔上圆边同心,如图 6.1.4 所示。

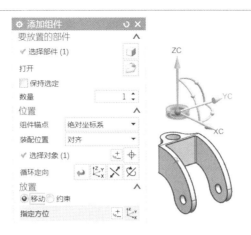

图 6.1.3　添加垫圈并移动

图 6.1.4　添加同心约束

(4) 配对轴与垫圈组件。

操作过程与步骤(3)一样。首先，添加轴组件，然后移动至合适位置；其次，通过"同心"约束，完成两个组件的装配，如图 6.1.5 所示。

如果组件添加时，其位置可能不方便后面约束的添加，这时候可以通过移动重新定位此组件。

(5) 配对叉架与轮组件相对应的轴面。指定轮毂左侧面与叉架左侧板内侧面为"距离"约束，距离为3.175mm，如图 6.1.6 所示。指定轮中心孔 1 与叉架两侧板孔 2 为"中心"约束，如图 6.1.7 所示。

距离约束：指定两个对象之间的 3D 距离。

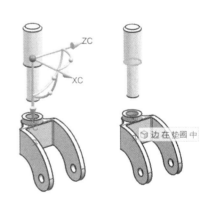

图 6.1.5　配对轴与垫圈组件

图 6.1.6　距离约束

图 6.1.7　中心约束

中心约束：使一个或两个对象处于一对对象的中间，或者使一对对象沿着另一对象处于中间。

(6) 配对销与叉架和轮组件。同步骤(5)，需要距离约束与中心约束两组约束。

指定销轴 1 与叉架两侧板孔 2 为"中心"约束，如图 6.1.8 所示。

指定销左侧面与叉架左侧板外侧面为"距离"约束，距离 6.35mm，如图 6.1.9 所示。

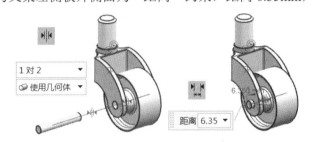

图 6.1.8　中心约束　　　　图 6.1.9　距离约束

(7) 创建爆炸视图。自动爆炸组件，如图 6.1.10 所示。

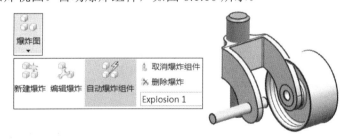

图 6.1.10　自动爆炸组件

(8) 编辑爆炸视图。通过移动对象对各组件位置进行编辑，如图 6.1.11 所示。

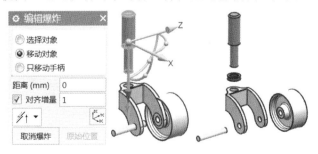

图 6.1.11　编辑爆炸视图

(9)　创建追踪线。通过"追踪线"命令创建追踪线，如图 6.1.12 所示。

追踪线：在爆炸图中创建组件的追踪线，以指示组件的装配位置。

图 6.1.12　创建追踪线

资料 6-1　装配约束类型

6.2　项目：虎钳装配

学习目标

通过本项目的学习，使读者能熟练掌握零件定位、爆炸视图等相关命令，掌握应用 UG 仿真装配模块完成虎钳虚拟装配的基本技能。虎钳装配示例如图 6.2.1 所示。

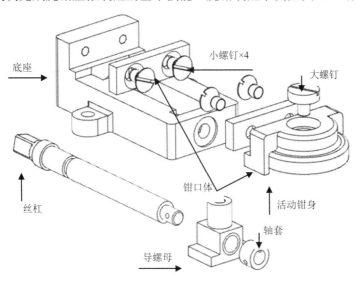

图 6.2.1　虎钳装配示例

学习要点

学习添加组件、重定位组件、配对组件、爆炸视图等命令的正确使用。

绘图思路

首先引入基准零件，然后依次添加组件并配对，最后生成爆炸视图。

操作步骤

(1) 在应用模块中单击装配图标，进入装配模块，新建一个装配文件。

(2) 添加底座组件作为装配基准定位，如图 6.2.2 所示。

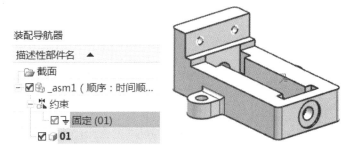

图 6.2.2　底座组件

底座组件作为基准装配件，在装配位置选项框中选择"绝对坐标系-工作部件"，约束类型为"固定"。

(3) 添加活动钳身组件。首先，在装配位置选项框中选择"对齐"，在放置选项下选择"移动"，将垫圈件移动到合适位置；其次，在放置选项下选择"约束"，为两个零件添加"接触"约束，即活动钳身左侧角内表面与底座左侧面接触约束，活动钳身下圆表面与底座上表面的大平面接触约束，如图 6.2.3 所示。

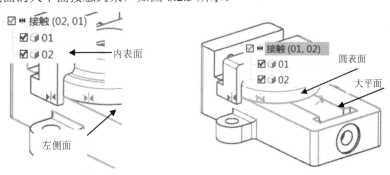

图 6.2.3　添加接触约束(两次)

为活动钳身与底座添加距离约束，设置距离为 70mm，如图 6.2.4 所示。

(4) 配对底座与钳口体组件。隐藏活动钳身，添加钳口体组件。首先，移动调整组件至合适位置；其次，通过"中心"约束，再通过"接触"约束，完成两个组件的装配。

中心约束(2 对 2)：首先选择钳口体组件上的两个孔，再选择底座上的两个小孔，注意选择顺序要一致，如图 6.2.5 所示。

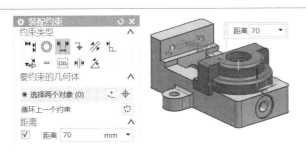

图 6.2.4　添加距离约束

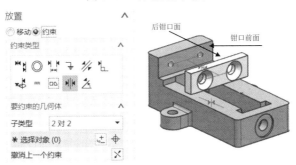

图 6.2.5　"中心"约束

接触对齐约束：首先选择钳口体组件上的后钳口面，再选择底座上的钳口前面，如图 6.2.6 所示。

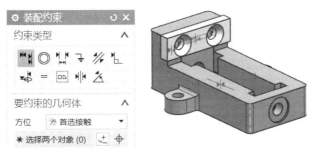

图 6.2.6　"接触对齐"约束

(5) 配对小螺钉与钳口体组件。首先，移动调整组件至合适位置，如图 6.2.7 所示。其次，通过"中心"约束，再通过"接触"约束，完成小螺钉组件与钳口体组件的装配约束。

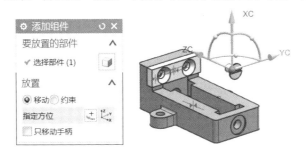

图 6.2.7　移动调整组件

中心约束(2 对 1)：首先选择底座上的右侧孔，再选择钳口体组件上的右侧孔，最后选择小螺钉的圆柱面，注意选择顺序，如图 6.2.8 所示。

图 6.2.8　"中心"约束

接触对齐约束：选择钳口体组件上的钳口面，选择小螺钉的前表面，如图 6.2.9 所示。

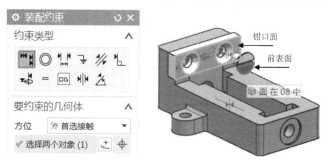

图 6.2.9　"接触对齐"约束

同理，添加左侧小螺钉。

(6)　应用镜像装配，配对左侧小螺钉与钳口体组件。①应用"基准平面"命令，捕捉直线(选择与基准平面垂直的边)中点创建镜像平面；②打开"镜像装配"命令，选择要镜像的组件，按提示操作下一步，选择镜像平面，完成镜像组件，如图 6.2.10 所示。

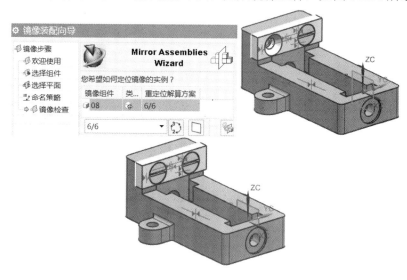

图 6.2.10　镜像装配

(7)　完成活动钳身组件、钳口体组件与小螺钉的镜像配对。①创建基准平面，以便选择镜像平面。可以用"点"命令创建两个中点，再用直线连接这两个点。捕捉直线中点创建基准平面，如图 6.2.11 所示。②镜像配对。选择两个小螺钉和活动钳口镜像，参考步骤(6)操作，如图 6.2.12 所示。

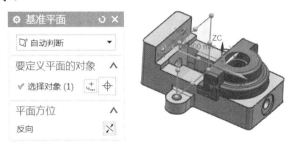

图 6.2.11　创建坐标系

图 6.2.12　镜像配对

(8) 配对底座与丝杠组件。

添加丝杠组件，移动并调整组件至合适位置。

指定丝杠 1 与底座两孔 2 为"中心"约束，如图 6.2.13 所示。

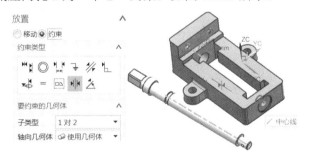

图 6.2.13　"中心"约束

指定丝杠阶梯面与底座侧面为"接触对齐"约束，如图 6.2.14 所示。

(9) 配对导螺母与丝杠组件。

添加导螺母组件，移动并调整组件至合适位置。

指定丝杠 2 与导螺母两孔 1 为"中心"约束，如图 6.2.15 所示。

(10) 配对导螺母与活动钳口组件。

移动并调整导螺母组件至合适位置。指定活动钳口 2 与导螺母两孔 1 为"中心"约束，如图 6.2.16 所示。

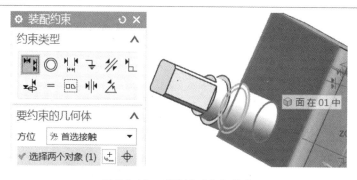

图 6.2.14　"接触对齐"约束

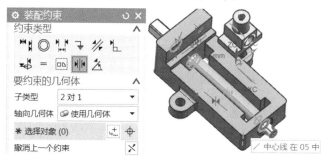

图 6.2.15　"中心"约束(1)

图 6.2.16　"中心"约束(2)

(11) 配对导螺母与丝杠组件。

添加大螺钉组件，移动并调整组件至合适位置。

指定活动钳口 2 与大螺钉 1 为"中心"约束。选择活动钳口两个孔的中心线(或者轴面)，再选择大螺钉中心线(或者轴面)，如图 6.2.17 所示。

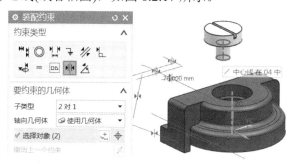

图 6.2.17　"中心"约束(3)

指定大螺钉与活动钳口面为"接触对齐"约束，如图 6.2.18 所示。

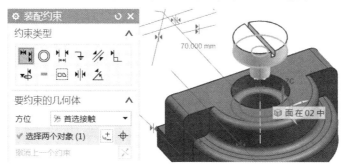

图 6.2.18　"接触对齐"约束

首先选择活动钳口阶梯孔的阶梯面，再选择大螺钉顶帽下表面。

(12) 配对轴套与丝杠组件。

隐藏其他组件，只留丝杠组件。添加轴套组件，移动并调整组件至合适位置。

指定丝杠 1 与轴套 2 为"中心"约束。选择丝杠中心线(或者轴面)，再选择轴套两个孔的中心线(或者轴面)，如图 6.2.19 所示。

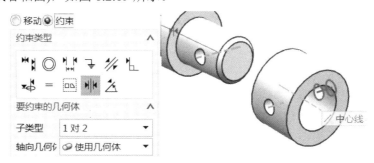

图 6.2.19　"中心"约束(1)

指定轴套 1 与丝杠 2 为"中心"约束。首先选择轴套轴的中心线(或者轴面)，再选择丝杠两段轴的中心线(或者轴面)，如图 6.2.20 所示。

图 6.2.20　"中心"约束(2)

(13) 创建爆炸视图。显示所有组件，自动爆炸组件，如图 6.2.21 所示。

(14) 编辑爆炸视图。通过移动对象对各组件位置进行编辑，如图 6.2.22 所示。

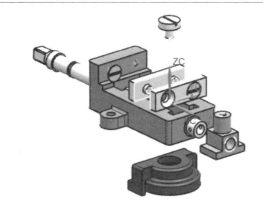

图 6.2.21　自动爆炸组件

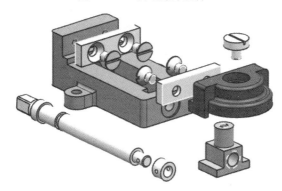

图 6.2.22　编辑爆炸视图

资料 6-2　爆炸视图

本 章 小 结

通过本章的学习，我们应掌握如下内容。

(1)　装配模块应用基础。

(2)　产品装配过程的实现方法。

(3)　两种装配建模方法。

(4)　组件定位方法。

(5)　用自底向上的方法建立装配模型。

(6)　爆炸图的创建方法。

(7)　装配导航器的应用。

综合应用这些命令完成产品的三维仿真装配，掌握装配过程与软件的应用技巧。

习　　题

通过下面习题的练习，主要培养学生独立思考和创新思维的能力；通过综合应用零件定位、爆炸视图等相关命令，掌握应用 UG 仿真装配模块完成产品虚拟装配的基本技能。

(1) 齿轮泵：

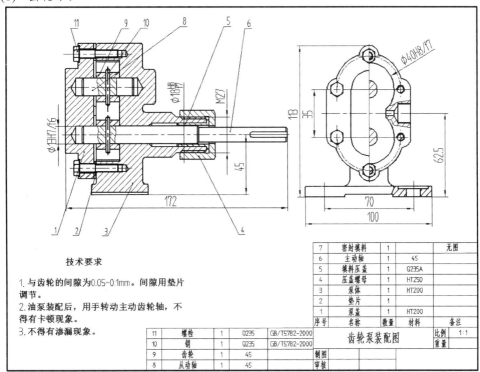

技术要求

1. 与齿轮的间隙为0.05~0.1mm。间隙用垫片调节。

2. 油泵装配后，用手转动主动齿轮轴，不得有卡顿现象。

3. 不得有渗漏现象。

7	密封填料	1		无图
6	主动轴	1	45	
5	填料压盖	1	Q235A	
4	压盖螺母	1	HT250	
3	泵体	1	HT200	
2	垫片	1		
1	泵盖	1	HT200	
序号	名称	数量	材料	备注

11	螺栓	1	Q235	GB/T5782-2000
10	销	1	Q235	GB/T5782-2000
9	齿轮	1	45	
8	从动轴	1	45	

齿轮泵装配图　比例 1:1　重量

制图　审核

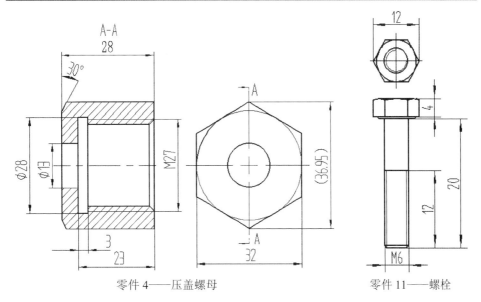

零件 4——压盖螺母　　　　零件 11——螺栓

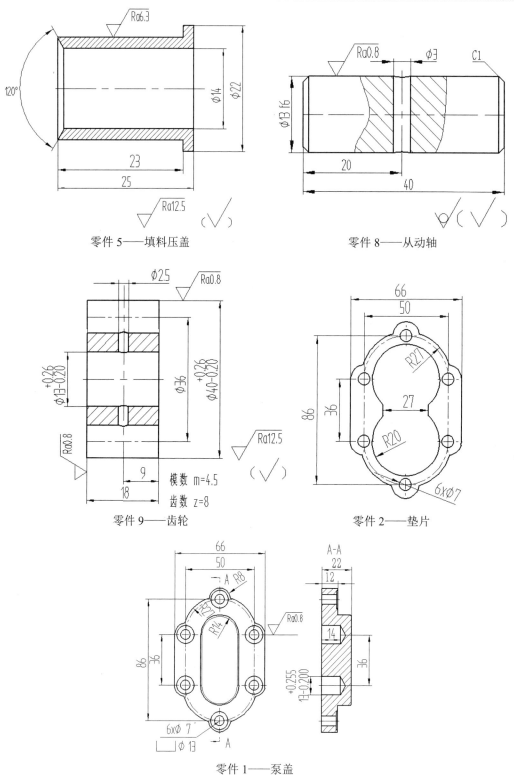

零件5——填料压盖

零件8——从动轴

零件9——齿轮

零件2——垫片

零件1——泵盖

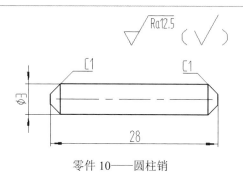

零件 10——圆柱销

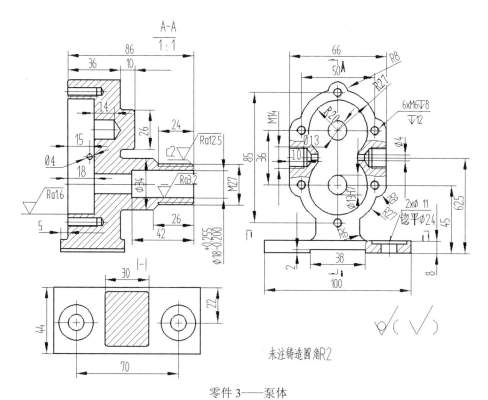

零件 3——泵体

零件 6——主动轴

(2) 手压阀：

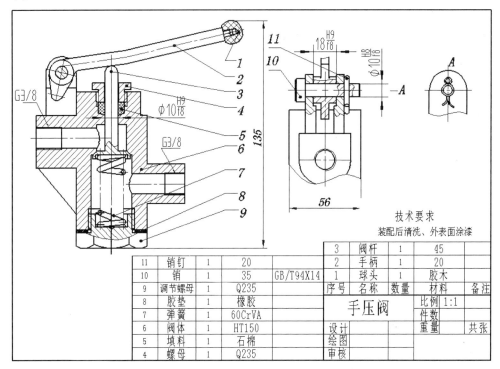

11	销钉	1	20	
10	销	1	35	GB/T94X14
9	调节螺母	1	Q235	
8	胶垫	1	橡胶	
7	弹簧	1	60CrVA	
6	阀体	1	HT150	
5	填料	1	石棉	
4	螺母	1	Q235	

技术要求
装配后清洗、外表面涂漆

3	阀杆	1	45	
2	手柄	1	20	
1	球头	1	胶木	
序号	名称	数量	材料	备注

手压阀		比例 1:1	
		件数	
设计		重量	共张
绘图			
审核			

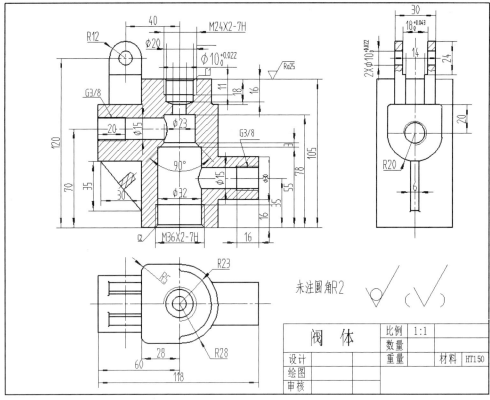

未注圆角R2

阀 体		比例	1:1	
		数量		
设计		重量		材料 HT150
绘图				
审核				

零件6——阀体

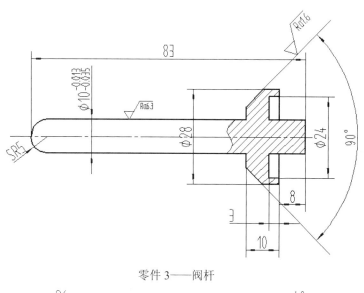

零件 3——阀杆

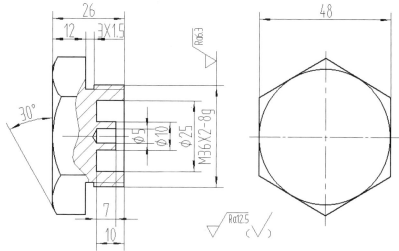

零件 9——调节螺母

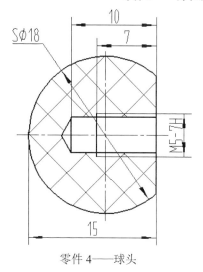

零件 4——球头

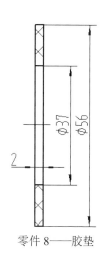

零件 8——胶垫

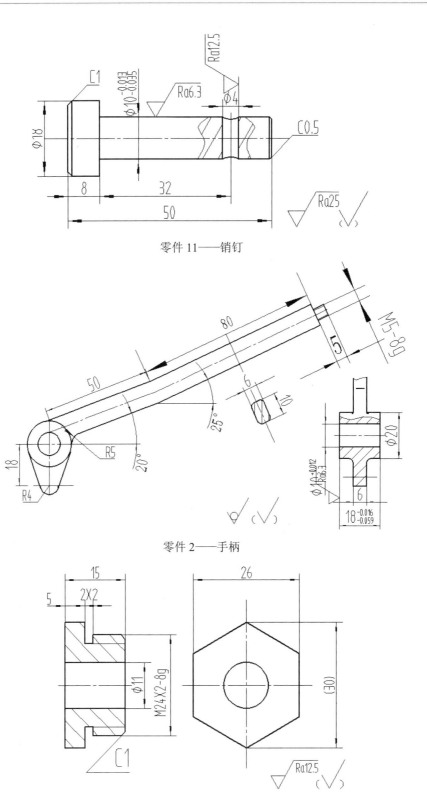

零件 11——销钉

零件 2——手柄

零件 4——螺母

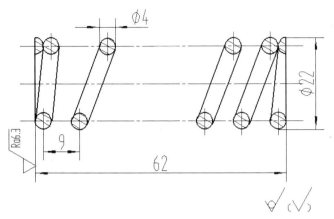

旋　　　向：左
有效圈数：6
总　圈　数：8.5
展开长度：487

零件 7——弹簧

第7章 工程制图

本章要点

(1) 在图纸中添加模型视图和其他视图。
(2) 调整视图布局，修改视图显示。
(3) 剖视图的应用、视图标注功能。

UG 的实体模型，可以通过投影方式转换到工程图模块中进行编辑，可快速生成工程图。生成的工程图与三维模型完全相关，模型的尺寸、形状以及位置的任何变化都会引起工程图的相应更改，因此 UG 很好地支持了设计员与绘图员的协同工作。

7.1 项目：螺纹阶梯轴

学习目标

通过本项目的学习，使读者能够熟练掌握创建工程视图、视图布局、尺寸标注、剖视图、几何公差、实用符号等相关命令的应用方法，掌握工程图的创建方法及技巧。螺纹阶梯轴示例如图 7.1.1 所示。

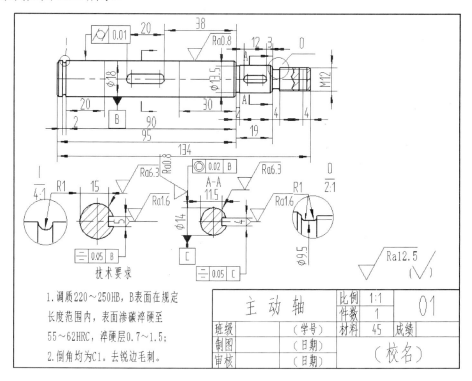

图 7.1.1　螺纹阶梯轴示例

学习要点

学习设置参数、生成视图、剖面视图、局剖视图、尺寸标注、注释标记、实用符号、表面粗糙度、公差标注、基准标注、导入图框等命令的正确使用。

绘图思路

打开制图模块，设置制图参数，生成视图，制作剖面视图和局剖视图，再用尺寸标注、注释标记、实用符号、关闭视图边界显示、表面粗糙度标注、公差标注、基准标注、导入图框等命令完成制图。

操作步骤

(1) 启动 UG NX 软件，在"文件"菜单中选择"新建…"命令，打开"新建"对话框，选择图纸模板，单击"确定"按钮，如图 7.1.2 所示。

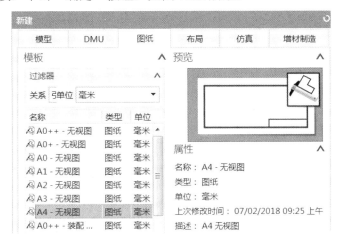

图 7.1.2　"新建"对话框

另外，也可以在软件进入制图模块后，选择"新建图纸页"生成图纸。这里可以指定图纸大小、单位和投影规则等，如图 7.1.3 所示。

图 7.1.3　"新建图纸页"对话框中的设置项

(2) 生成基本视图，如图 7.1.4 所示。

(3) 制作剖面视图和局剖视图。

① 制作剖面视图。首先在"菜单"→"首选项"→"制图"界面中把"视图"→"截面线"设置剖面的"显示背景"复选框取消选中，否则将生成剖视图，如图 7.1.5 所示。

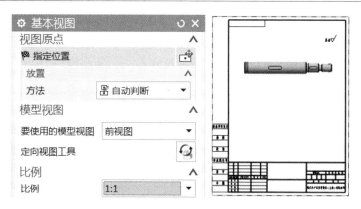

图 7.1.4　生成基本视图

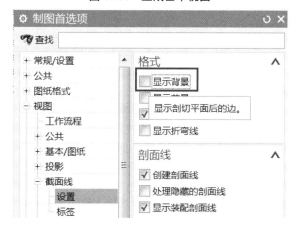

图 7.1.5　剖面视图的设置

单击"剖视图"命令图标 ▦ 剖视图(S)...，弹出"剖视图"对话框。移动鼠标，捕捉 A-A 键槽上边线中点，移动光标，将生成的剖面视图放置到主视图左侧或右侧，也可以通过"反转剖切方向"按钮来调整方向。

在放置剖面视图后，通过移动视图来更改视图的放置位置，如图 7.1.6 所示。

通过"设置"按钮，来设置视图标签和截面线，如图 7.1.7 所示。

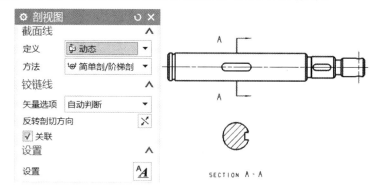

图 7.1.6　制作 A-A 剖面视图

图 7.1.7　剖视图的设置选项

双击视图标签 SECTION A-A 设置截面线标签，如图 7.1.8 所示。

图 7.1.8　截面线标签设置

同理，作出 B-B 剖面视图，过程略。

② 制作局部放大视图，如图 7.1.9 所示。

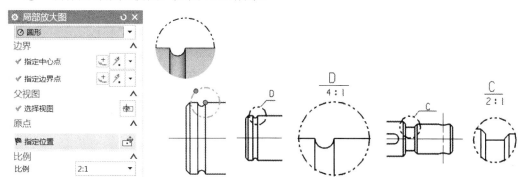

图 7.1.9　局部放大视图

右击并在弹出的快捷菜单中选择"设置"命令，在弹出的对话框中设置参数，如图 7.1.10 和图 7.1.11 所示。

(4) 尺寸标注，如图 7.1.12 和图 7.1.13 所示。

图 7.1.10　右键菜单　　　　　　　　图 7.1.11　局部放大视图设置

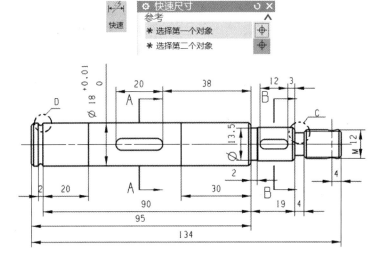

图 7.1.12　尺寸标注

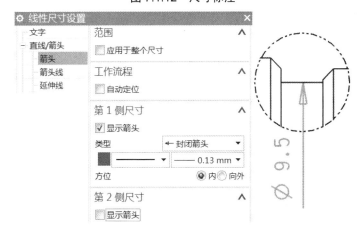

图 7.1.13　修改箭头

(5) 注释。通过创建注释来完成技术要求部分的文字输入，如图 7.1.14 和图 7.1.15 所示。

(6) 给 A-A 和 B-B 剖面视图添加中心线符号，如图 7.1.16 所示。

(7) 表面粗糙度。添加表面粗糙度符号标注，如图 7.1.17 所示。

(8) 几何公差。双击标注特征可更改指引线的位置和大小，如图 7.1.18 和图 7.1.19 所示。

(9) 标注基准,如图 7.1.20 所示。

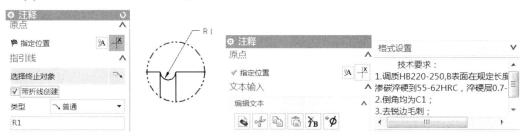

图 7.1.14　创建带引线的注释　　　　图 7.1.15　创建文字注释

图 7.1.16　添加中心线符号

图 7.1.17　添加表面粗糙度符号

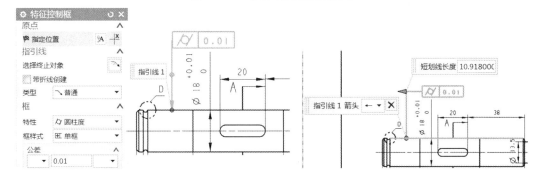

图 7.1.18　几何公差标注

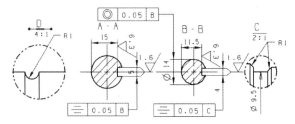

图 7.1.19　其他几何公差的标注

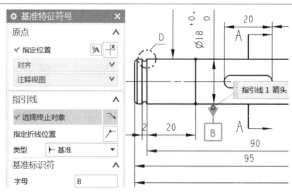

图 7.1.20　标注基准

(10) 关闭/打开视图边界显示，通过制图首选项界面中的"视图"→"工作流程"选项中的"边界"是否显示来关闭/打开视图边界显示，如图 7.1.21 所示。

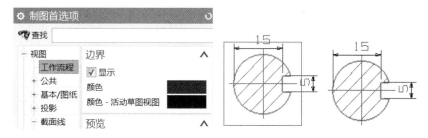

图 7.1.21　关闭/打开视图边界

(11) 局部剖视图，如图 7.1.22 所示。

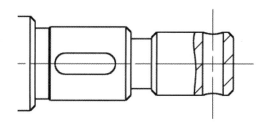

图 7.1.22　局部剖视图

局部剖视图可以通过移除零件外表的一些材料看到其内部的结构。在同一个视图中，表达零件内部结构时常用到它。创建剖视图需要按以下三步进行操作：创建边界曲线(基本曲线或者草绘曲线，前者必须展开视图)；选择创建局部剖视图的基点与方向；选择第一步创建的边界曲线。首先创建零件的基本视图。具体操作如下。

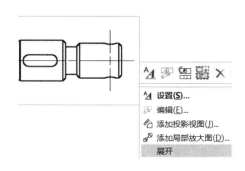

图 7.1.23　右键选择"展开"

①　在要作剖切视图的视图边框上右击，在弹出的快捷菜单中选择"展开"命令，进入扩大视图模式，如图 7.1.23 所示。

② 使用艺术样条曲线工具画出局部剖视图的边界线，如图 7.1.24 所示。

③ 在要作剖切视图的视图边框上右击，在弹出的快捷菜单中选择"展开"命令，取消扩大视图模式方式，如图 7.1.25 所示。

图 7.1.24　应用"艺术样条"命令画出边界线

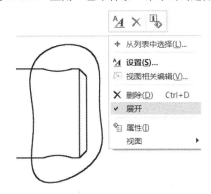

图 7.1.25　选择"展开"

④ 单击局部剖视图命令，依次选择：局部剖视图，选择即将局部剖的那个视图；基点选择，这意味着剖切深度，最好在其他视图中选取，本例直接捕捉中心点；剖切方向，一般单击中间默认即可；选择剖切曲线，选择用"展开"画好的曲线；单击"确定"按钮，完成局部剖视图，如图 7.1.26 所示。

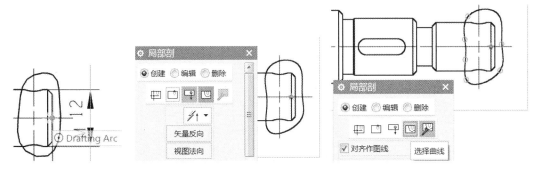

图 7.1.26　局部剖视图操作过程

注意：创建局部剖视图时必须先用"样条曲线"命令将工程图的剖视部分圈出(一定要在扩展界面下才行)，要想立体三维视图中也有局部剖视图效果，可以先选视图及线转换到模型，再单击局部剖视功能，依次操作。

一般可以使用草图曲线或基本曲线创建局部剖边界，但草图曲线通常适用于 2D 图纸平面。如果需要在其他平面中创建边界曲线，必须展开视图并创建基本曲线。

通过拟合方法创建的样条对局部剖视图边界不可选。如果希望使用样条曲线作为局部剖视图的边界曲线，则必须使用通过点或根据极点创建的样条。用于定义基本点的曲线不能用作边界曲线。不能选择旋转视图作为局部剖视图的候选对象。

(12) 局部剖视图。介绍使用草图曲线(必须在视图边框上，右击，选择"活动草图视图"命令进入草图模式)创建局部剖边界及局部剖视图过程，如图 7.1.27 所示。

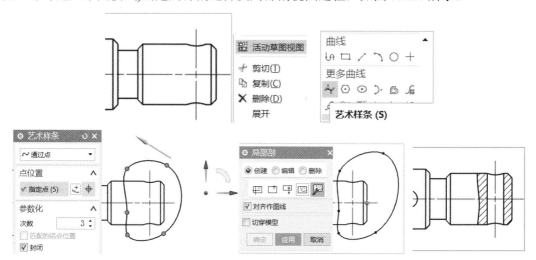

图 7.1.27　使用草图曲线创建局部剖边界

7.2　项目：法兰盘

学习目标

通过本项目的学习，使读者能够熟练掌握创建工程视图、视图布局、尺寸标注、剖视图、几何公差、实用符号等相关命令的应用方法。

通过学习，了解法兰盘工程图的创建方法及技巧。法兰盘建模示例如图 7.2.1 所示。

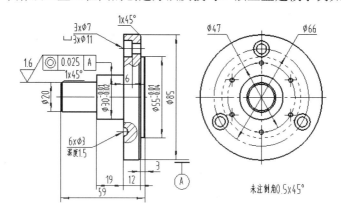

图 7.2.1　法兰盘建模示例

学习要点

设置参数、生成视图、剖面视图、局剖视图、尺寸标注、注释标记、实用符号、表面粗糙度、公差标注、基准标注、插入轴测图。

绘图思路

首先生成基本视图、局剖视图，然后用尺寸标注、注释标记、实用符号、表面粗糙度、几何公差标注、标注基准、插入轴测图等命令完成制图。

操作步骤

(1)　打开制图模块，设置制图参数，生成基本视图，如图 7.2.2 所示。

(2)　局剖视图。

①　创建局部剖边界，在左侧视图的边框上右击，在弹出的快捷菜单中选择"活动草图视图"命令进入草图模式，用艺术样条绘出草图，如图 7.2.3 所示。

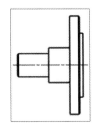 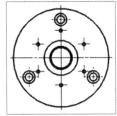

图 7.2.2　生成基本视图　　　　　图 7.2.3　创建局部剖边界

②　选择视图，单击视图边界线，选择视图，如图 7.2.4 所示。

③　指出基点，在右侧视图中捕捉圆心，确定剖切基点，如图 7.2.5 所示。

图 7.2.4　选择视图　　　　　　　图 7.2.5　指出基点

④　定义拉伸矢量，本例接受默认。

⑤　选择曲线，选择①制作的草图线，单击"确定"按钮后生成剖切视图，如图 7.2.6 所示。

图 7.2.6　生成剖切视图

同理,生成 R3 处的局部剖切视图,过程略。

(3) 尺寸标注,如图 7.2.7 所示。

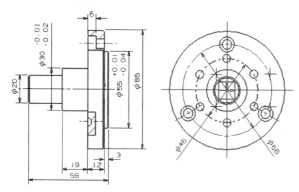

图 7.2.7　尺寸标注

(4) 技术要求注释,如图 7.2.8 所示。

图 7.2.8　添加注释

(5) 插入实用符号,如图 7.2.9 所示。

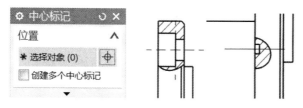

图 7.2.9　实用符号-中心标记

(6) 标注表面粗糙度,如图 7.2.10 所示。

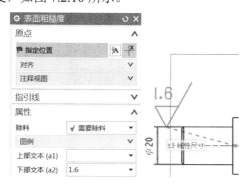

图 7.2.10　表面粗糙度

(7) 几何公差标注，如图 7.2.11 所示。

(8) 标注基准，如图 7.2.12 所示。

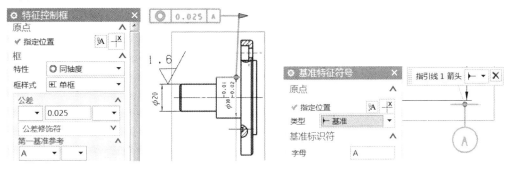

图 7.2.11　几何公差标注　　　　　　　　　图 7.2.12　标注基准

(9) 插入轴测图。通过"基本视图"命令插入正等轴测图，如图 7.2.13 所示。

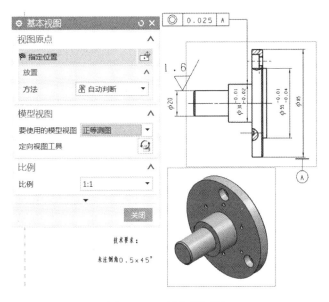

图 7.2.13　插入轴测图

(10) 插入图框和标题栏。通过制图工具插入图框和标题栏，如图 7.2.14 所示。

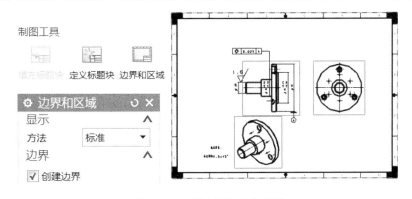

图 7.2.14　插入图框和标题栏

资料 7-1　视图操作

本 章 小 结

通过本章的学习，我们应掌握如下内容。

(1)　在图纸中添加模型视图和其他视图。

(2)　调整视图布局，修改视图显示。

(3)　剖视图的应用、视图标注功能。

(4)　建立标题栏和明细表、工程图的输出。

熟练掌握如何应用软件制作产品的工程图。

习　　题

通过下面习题的练习，主要培养学生独立思考、创新思维的能力。

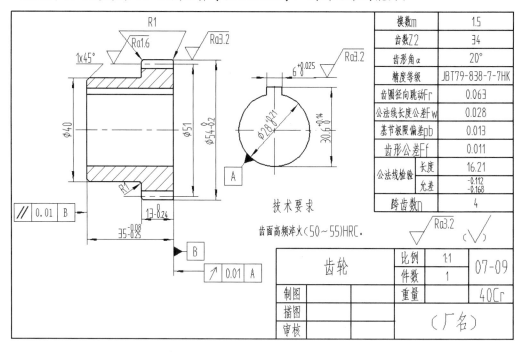

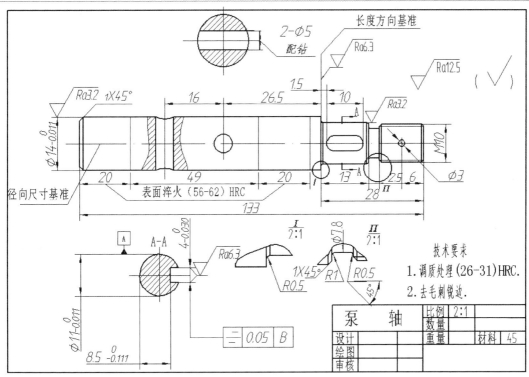

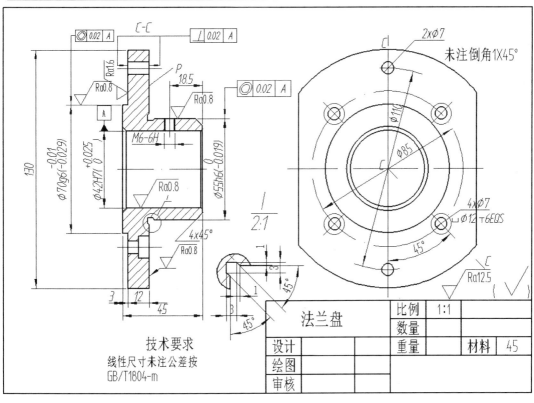

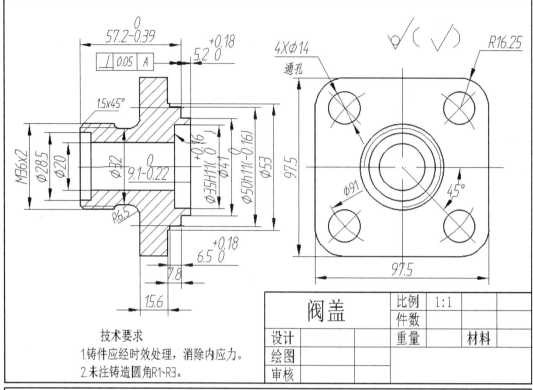

技术要求
1.铸件应经时效处理，消除内应力。
2.未注铸造圆角R1~R3。

阀盖	比例	1:1	
	件数		
设计		重量	材料
绘图			
审核			

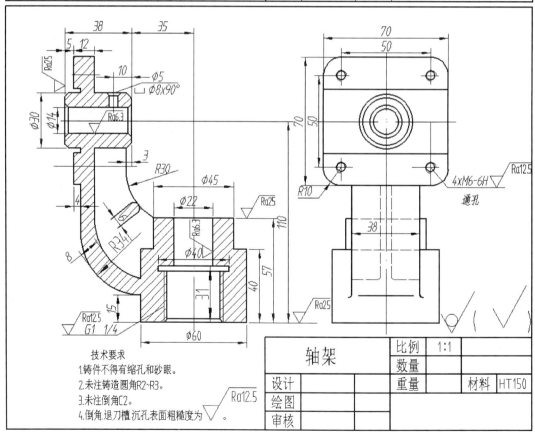

技术要求
1.铸件不得有缩孔和砂眼。
2.未注铸造圆角R2~R3。
3.未注倒角C2。
4.倒角,退刀槽沉孔表面粗糙度为 √Ra12.5 。

轴架	比例	1:1	
	数量		
设计		重量	材料 HT150
绘图			
审核			

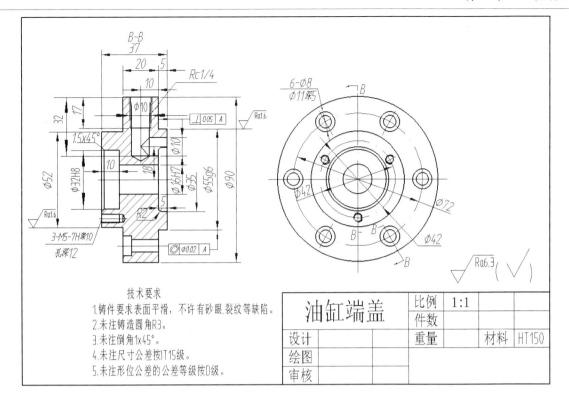

技术要求
1.铸件要求表面平滑，不许有砂眼.裂纹等缺陷。
2.未注铸造圆角R3。
3.未注倒角1x45°。
4.未注尺寸公差按IT15级。
5.未注形位公差的公差等级按D级。

油缸端盖	比例	1:1		
	件数			
设计		重量	材料	HT150
绘图				
审核				